ACTA BIOLOGICA ET MEDICA GERMANICA

AKADEMIE-VERLAG · BERLIN · BAND 16 · HEFT 6 · SEITE 575–703 · 1966

AUFNAHMEBEDINGUNGEN

1. Es werden nur Arbeiten angenommen, die nicht an anderer Stelle mit demselben Inhalt veröffentlicht oder zur Veröffentlichung angeboten werden. Der Autor verpflichtet sich nach Annahme, die Arbeit an keiner anderen Stelle zu veröffentlichen.

2. Die Arbeit muß wissenschaftlich wertvoll sein. Bestätigungen bekannter Tatsachen, Versuche und Beobachtungen ohne positives Ergebnis werden, wenn überhaupt, nur in kürzester Form aufgenommen. Nicht aufgenommen werden Arbeiten referierenden Charakters, Polemiken und rein spekulative Arbeiten, falls sie nicht ganz wesentliche neue Gesichtspunkte enthalten.

3. Kurzmitteilungen für experimentelle Ergebnisse werden bei der Drucklegung zeitlich bevorzugt. Für ihren Inhalt ist ausschließlich der Autor verantwortlich.

4. Die Arbeiten müssen kurz und klar geschrieben und gegliedert sein. Problematik (Einleitung), Methodik, Befunde und Diskussion, evtl. Schlußfolgerungen sollen deutlich in Erscheinung treten. Der Arbeit soll ein Kurzreferat der wesentlichsten Ergebnisse vorausgestellt werden. Neben einer anderssprachigen erscheint auf jeden Fall eine deutsche Zusammenfassung. Die Arbeiten werden in folgenden Sprachen angenommen: Deutsch, Russisch, Englisch und Französisch.

5. Die Arbeiten werden im Sofortumbruch gesetzt; größere Korrekturen in Form von Streichungen bzw. Zusätzen sind daher in der Umbruchkorrektur nicht mehr möglich.

6. Genaue Hinweise zur Manuskriptgestaltung sind von der Redaktion der Zeitschrift anzufordern und sind unbedingt einzuhalten.

7. Manuskripte sind an die Herausgeber zu senden oder direkt an die Redaktion der Acta biologica et medica germanica, 1115 Berlin-Buch, Lindenberger Weg 70.

8. Von jeder Originalarbeit werden kostenlos 80 Sonderdrucke geliefert. Darüber hinaus können bis zu 100 Sonderdrucke gegen Berechnung bezogen werden.

Die Herausgeber

ACTA BIOLOGICA ET MEDICA GERMANICA

Herausgeber:

Band 16 | 1966 | Heft 6

Acta biol. med. german., Band 16, Seite 575–585 (1966)

Aus dem Lehrstuhl Chemie (Leiter: Doz. Dr. rer. nat. A. Barth) des Instituts für Naturwissenschaften (Direktor: Doz. Dr. habil. C. Schwär) und dem chemischen Zentrallabor (Leiter: Doz. Dr. rer. nat. I. Pilch) der Hochschule für Landwirtschaft Bernburg/Saale

Über Aminosäure-4-(phenylazo)-phenyl-Derivate[1]

XI. L-Alanin-4-(phenylazo)-phenylamid als Substrat für die kolorimetrische Aktivitätsermittlung von Aminosäurearylamidasen im Serum

A. Barth, K.-H. Hoffmann und I. Pilch

(Eingegangen am 25. 11. 1965)[2]

Zusammenfassung

Es wird eine Methode zur Bestimmung der Aminosäurearylamidaseaktivität im Serum unter Verwendung des neuen Substrates L-Alanin-4-(phenylazo)-phenylamid beschrieben, aus dem bei der enzymatisch katalysierten Hydrolyse das farbige Phenylazophenylamin freigesetzt wird, dessen Konzentration kolorimetrisch bei 500 nm ermittelt werden kann. Für die somit mögliche Aktivitätsanalyse wurden die optimalen Reaktionsbedingungen ermittelt. Das Verfahren eignet sich für die routinemäßige Aktivitätsbestimmung der Aminosäurearylamidase und hat auf Grund sehr einfacher Ausführung und größerer Empfindlichkeit entscheidende Vorteile gegenüber der Bestimmung mit L-Leuzin-β-naphthylamid als Substrat.

Das zur Zeit für die Bestimmung von Aminosäurearylamidasen am meisten angewendete Substrat ist zweifellos L-Leuzin-β-naphthylamid, das für kolorimetrische Messungen seit Green et al. [1], insbesondere auch in der Modifikation von Weber [2], recht gut geeignet ist. Abgesehen vom Wert der Spezifität bisher verwendeter Substrate dürften jedoch für allgemeine Routineanalysen künftig vorwiegend Substrate vom Typ der Aminosäure-p-nitroanilide [3], [4], die selbst nur schwach gefärbt sind und deren proteolytisch freigesetztes, farbiges Amin nach der Inkubation sofort kolorimetriert werden kann, den Vorzug genießen [5].

[1] IV. Mitteilung über Aminosäure-PAP-amide. — III. Mitteilung: A. Barth und P. Schwenk; Acta chim. Acad. Sci. hung. (im Druck)
[2] Nach Revision am 11. 1. 1965.

ACTA BIOLOGICA ET MEDICA GERMANICA

Band 16

1966

AKADEMIE-VERLAG · BERLIN

Herausgeber und verantwortlich für den Inhalt: R. Baumann, H. Dutz, A. Graffi, H. Gummel, F. Jung, Prof. Dr. L.-H. Kettler, S.-M. Rapoport. Schriftleitung: Prof. Dr. Werner Scheler und Dr. habil. Heinz Bielka, 1115 Berlin-Buch, Lindenberger Weg 70. Fernruf: 569851. App. 222. Verlag: Akademie-Verlag GmbH, 108 Berlin, Leipziger Straße 3–4, (Fernruf: 220441) Telex-Nr. 011773, Postscheckkonto Berlin 35021. Bestell- und Verlags-Nr. dieses Bandes 1053/XVI. Die Zeitschrift erscheint monatlich. Bezugspreis: Einzelheft MDN 14,–, Doppelheft MDN 28,–. Veröffentlicht unter der Lizenznummer 1318 des Presseamtes beim Vorsitzenden des Ministerrates der Deutschen Demokratischen Republik. Gesamtherstellung: VEB Druckerei „Thomas Müntzer", 582 Bad Langensalza.

INHALT

Heft 1

Physiologie

Pharmakologie

Experimentelle Pathologie

Zytologie

Methodisches

Kurzmitteilungen

Heft 2

Biochemie

Physiologie

Pharmakologie

Krebsforschung

Histochemie

Methodisches

Kurzmitteilungen

Heft 3

Biochemie

Physiologie

Pharmakologie

Experimentelle Pathologie

Kurzmitteilung

Heft 4

Biochemie

SACHWORTVERZEICHNIS

AUTORENVERZEICHNIS

ACTA BIOLOGICA ET MEDICA GERMANICA

Herausgeber:

R. Baumann · H. Dutz · A. Graffi · H. Gummel · F. Jung · L.-H. Kettler
S. M. Rapoport

Band 16 1966 Heft 6

Acta biol. med. german., Band 16, Seite 575–585 (1966)

Aus dem Lehrstuhl Chemie (Leiter: Doz. Dr. rer. nat. A. Barth) des Instituts für Naturwissenschaften (Direktor: Doz. Dr. habil. C. Schwär) und dem chemischen Zentrallabor (Leiter: Doz. Dr. rer. nat. I. Pilch) der Hochschule für Landwirtschaft Bernburg/Saale

Über Aminosäure-4-(phenylazo)-phenyl-Derivate[1]

XI. L-Alanin-4-(phenylazo)-phenylamid als Substrat für die kolorimetrische Aktivitätsermittlung von Aminosäurearylamidasen im Serum

A. Barth, K.-H. Hoffmann und I. Pilch

(Eingegangen am 25. 11. 1965)[2]

Zusammenfassung

Es wird eine Methode zur Bestimmung der Aminosäurearylamidaseaktivität im Serum unter Verwendung des neuen Substrates L-Alanin-4-(phenylazo)-phenylamid beschrieben, aus dem bei der enzymatisch katalysierten Hydrolyse das farbige Phenylazophenylamin freigesetzt wird, dessen Konzentration kolorimetrisch bei 500 nm ermittelt werden kann. Für die somit mögliche Aktivitätsanalyse wurden die optimalen Reaktionsbedingungen ermittelt. Das Verfahren eignet sich für die routinemäßige Aktivitätsbestimmung der Aminosäurearylamidase und hat auf Grund sehr einfacher Ausführung und größerer Empfindlichkeit entscheidende Vorteile gegenüber der Bestimmung mit L-Leuzin-β-naphthylamid als Substrat.

Das zur Zeit für die Bestimmung von Aminosäurearylamidasen am meisten angewendete Substrat ist zweifellos L-Leuzin-β-naphthylamid, das für kolorimetrische Messungen seit Green et al. [1], insbesondere auch in der Modifikation von Weber [2], recht gut geeignet ist. Abgesehen vom Wert der Spezifität bisher verwendeter Substrate dürften jedoch für allgemeine Routineanalysen künftig vorwiegend Substrate vom Typ der Aminosäure-p-nitroanilide [3], [4], die selbst nur schwach gefärbt sind und deren proteolytisch freigesetztes, farbiges Amin nach der Inkubation sofort kolorimetriert werden kann, den Vorzug genießen [5].

[1] IV. Mitteilung über Aminosäure-PAP-amide. – III. Mitteilung: A. Barth und P. Schwenk; Acta chim. Acad. Sci. hung. (im Druck).
[2] Nach Revision am 11. 1. 1965.

Es ist uns gelungen, ein Glied aus der Reihe der den Aminosäure-p-nitroaniliden hinsichtlich farbigem Amidrest analogen Aminosäure-4-(phenylazo)-phenylamide [6] für die Bestimmung der Aminosäurearylamidase nutzbar zu machen, nämlich L-Alanin-4-(phenylazo)-phenylamid (L-Alanin-PAP-amid) [7], [8]. Dessen enzymatisch katalysierte Spaltung verläuft nach folgendem Schema:

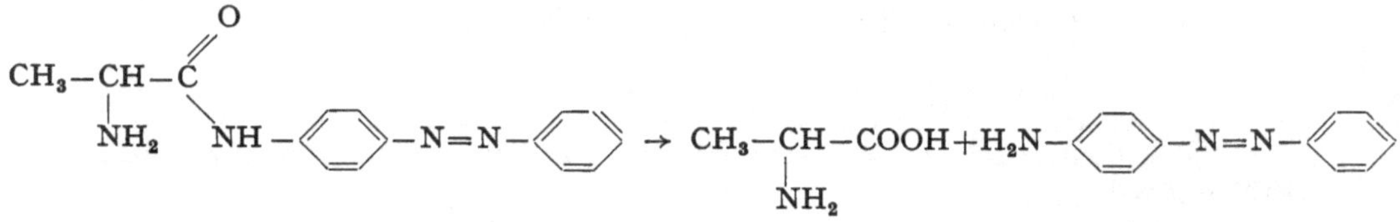

Das Substrat wird also in Alanin und den freien Farbstoff Phenylazophenylamin (PAP-amin) gespalten, der in saurer Lösung im Gegensatz zum gelben Substrat eine intensiv rote Farbe besitzt. Auf Grund der unterschiedlichen Extinktionen von Substrat und Farbstoff ist eine Konzentrationsbestimmung des freigesetzten Amins und damit eine quantitative Ermittlung des Enzymgehalts möglich.

Methodik

Theoretische Grundlagen der Methode

Die Verwendung von L-Alanin-PAP-amid als Substrat für proteolytische Enzyme beruht auf dem Unterschied der Absorptionsspektren des freien PAP-amins und seiner Aminoazylverbindung (Abb. 1). PAP-amin besitzt als protonisiertes Kation einen maximalen Extinktionskoeffizienten von $\varepsilon = 9{,}18 \cdot 10^6$ cm² Mol⁻¹ bei 500 nm. Bei der gleichen Wellenlänge ist für das Substrat $\varepsilon = 0{,}6 \cdot 10^6$ cm² Mol⁻¹. Die äquimolaren Extinktionen von Farbstoff und Substrat verhalten sich somit wie 15,3:1. Damit ist die Möglichkeit gegeben, bei Spaltung von im Verhältnis zur Anfangskonzentration nur geringen Mengen Substrat, somit innerhalb der Fehlergrenze liegenden minimalen Extinktionsverminderungen durch geringfügige Substratabnahme, ebenso geringfügiges äquivalentes Ansteigen der Mengen freigesetzten PAP-amins durch große Extinktionszunahmen exakt festzustellen.

Das LAMBERT-BEER'sche Gesetz gilt in einem weiten Bereich (Abb. 2). Zwischen PAP-amin-Konzentration und Farbintensität besteht bis zu Extinktionen von $E = 3{,}0$ strenge Linearität.

Herstellung von L-Alanin-PAP-amid [7]

Das Substrat läßt sich nach den in der Peptidchemie gebräuchlichen Methoden leicht gewinnen, indem man Karbobenzoxychlorid, dargestellt nach FARTHING [9], mit L-Alanin nach BERGMANN und ZERVAS [10] zu Karbobenzoxy-L-Alanin umsetzt, aus dem mit PAP-amin mittels der Methode der gemischten Anhydride [11] Karbobenzoxy-L-Alanin-PAP-amid erhalten werden kann, das mit HBr/Eisessig dekarbobenzoxyliert [12] und als L-Alanin-PAP-amid-dihydrobromid erhalten wird, welches aus wäßriger Lösung nach Versetzen mit Natriumsulfatlösung als Sulfat (L-Alanin-PAP-amid · $^1/_2 H_2SO_4 \cdot H_2O$) anfällt. Das Produkt läßt sich sehr gut aus heißem Wasser umkristallisieren, wobei es feine hellbraune Nadeln ausbildet. Es ist in der für die Bestimmung von Enzymaktivitäten notwendigen Reinheit somit ohne weiteres zu gewinnen. Die Ausbeuten bei den einzelnen Reaktionsschritten sind gut. Bruttoformel $C_{15}H_{19}N_4O_4S^1/_2$, MG 335,3, Smp. 258–260 °C.

Abb. 1. Absorptionsspektren von PAP-amin (○) und L-Alanin-PAP-amid (△)

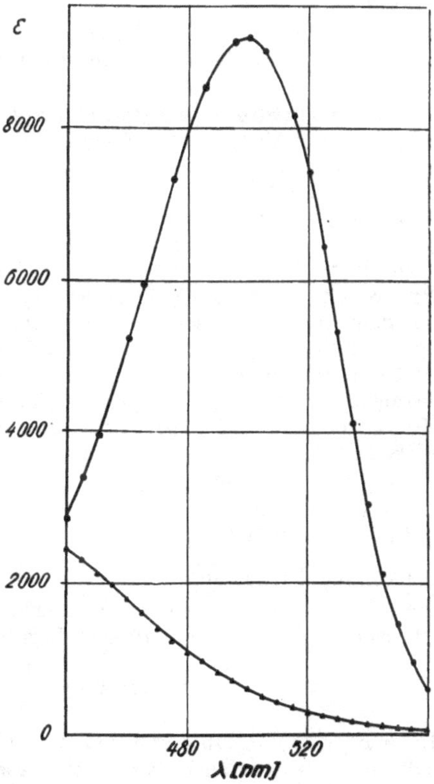

Abb. 2. Gültigkeit des LAMBERT–BEER-schen Gesetzes für PAP-amin-Lösungen in 7,84%iger Trichloressigsäure

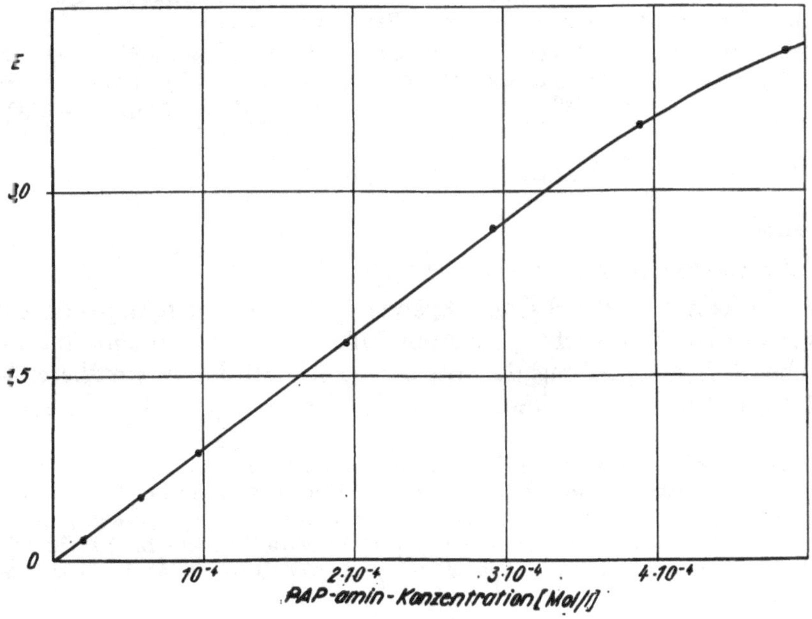

Reagentienlösungen

a) *Substratlösung*: Konzentration $= 3{,}32 \cdot 10^{-3}$ M; 111 mg L-Alanin-PAP-amid $\times$ $^1/_2H_2SO_4 \cdot H_2O$ (MG 335,3) werden in 100 ml bidest. Wasser gelöst.

b) *Pufferlösung*: Konzentrationen: Tris $= 5 \cdot 10^{-2}$ M, Kobaltchlorid $= 7 \cdot 10^{-4}$ M. 605 mg Tris-(hydroxymethyl)-aminomethan (MG 121,1) werden in 80 ml bidest. Wasser gelöst, mit HCl auf *p*H 7,8 eingestellt, mit 16,7 mg $CoCl_2 \cdot 6H_2O$ (MG 238,0), gelöst in wenig Wasser, versetzt, mit HCl auf *p*H 7,5 eingestellt und mit bidest. Wasser auf 100 ml aufgefüllt.

c) *Trichloressigsäure*: 40%ig (*w*/*v*).

Ausführung der Bestimmung

2 ml Substrat und 2 ml Puffer werden gemischt. Danach versetzt man mit 0,1 ml frischem, hämolysefreiem Serum, schüttelt gut und inkubiert 1 Std. bei 37 °C. Die Spaltung wird durch Hinzufügen von 1 ml 40%iger Trichloressigsäure beendet, die Probe zentrifugiert, in die Küvette (im allgemeinen wurden 1 cm-Küvetten benutzt) dekantiert und bei 500 nm gegen Wasser (da Trichloressigsäure bei 500 nm in dieser Konzentration nicht absorbiert) mit dem Spektralkolorimeter „Spekol" der Firma VEB Carl Zeiss Jena kolorimetriert.

Für die Leerwerte gilt sinngemäß das gleiche, nur daß die Inkubation entfällt und an deren Stelle sofortiges Versetzen mit Trichloressigsäure zum Gemisch Substrat–Puffer-Serum tritt.

Berechnung der Aktivität

Die Aktivitätsangabe erfolgt in Internationalen Einheiten (I. U.) 1 I. U. = 1 μ Mol umgesetztes Substrat/min/1000 ml Serum. Danach ergibt sich folgende Berechnung:

$$\text{Aktivität} = \frac{\Delta E \cdot V_E \cdot V_S}{d \cdot \varepsilon \cdot t \cdot V_S'} \cdot 1000 \text{ (I. U.)}$$

$\Delta E = E_A - E_L =$ Differenz von Analysen- und Leerwertextinktionen; $d =$ Schichtdicke (cm); $\varepsilon =$ molarer Extinktionskoeffizient ($cm^2\, mMol^{-1}$); $t =$ Inkubationszeit (min); $V_E =$ Analysenendvolumen (ml); $V_S =$ Serumbezugsmenge der I. U. = 1000 ml; $V_S' =$ bei der Analyse eingesetzte Serummenge (ml).

Der Faktor 1000 ergibt sich aus der Umrechnung von mMol auf μMol. Mit vorgegebenem $V_S = 1000$ ml, den für die Bestimmung gewählten $d = 1$ cm, $t = 60$ min, $V_S' = 0{,}1$ ml und $V_E = 5{,}1$ ml sowie dem bei 500 nm ermittelten $\varepsilon = 9180\ cm^2\, mMol^{-1}$ vereinfacht sich die Aktivitätsberechnung auf folgende Formel:

$$\text{Aktivität} = 92{,}6 \cdot \Delta E \text{ (I. U.)}\,.$$

Ergebnisse

Normalwertbestimmung im Serum

Die Seren von 90 erwachsenen Spendern der Bezirksblutspendezentrale Dessau[1] wurden untersucht. Die Abbildung 3 zeigt eine annähernd mathematische Normalverteilung der Werte an, so daß der Normalbereich aus x $\pm$ 2 s berechnet werden kann.

[1] An dieser Stelle möchten wir der Bezirksblutspendezentrale Dessau (Direktor: Chefarzt Dr. F. BARTH), insbesondere Herrn Dr. F. BARTH, Frau Dr. M. KRESSER und Frau H. RAUE, für großzügiges Entgegenkommen und Hilfe danken. In gleichem Maße gilt unser Dank Herrn Dr. H.-J. LORENZ vom Bezirkskrankenhaus für Psychiatrie und Neurologie Bernburg (Direktor: Prof. Dr. J. QUANDT) ebenfalls für die Bereitstellung von Serum

Ermittlung günstiger Reaktionsbedingungen

*p*H-Wert

In der Literatur werden unter anderem folgende verschiedene *p*H-Werte für Aminopeptidasen bei Verwendung von L-Leuzin-β-naphthylamid als Substrat als optimal angegeben: *p*H 6,8—7,0 [13], *p*H 7,2 [2], [14], *p*H 7,4 bis 7,8 [1], *p*H 8,0 [4]. Die entsprechend der daraus ersichtlichen prinzipiellen Notwendigkeit durchgeführte Ermittlung des *p*H-Optimums der enzymatischen Spaltung von L-Alanin-PAP-amid unter unseren Bedingungen zeigt (Abb. 4), daß der enzymatische katalytische Effekt eindeutig seinen größten Wert in einem relativ engen Bereich um *p*H 7,5 hat.

Substratkonzentration

Der optimale Wert liegt bei $3{,}32 \cdot 10^{-3}$ M L-Alanin-PAP-amid bezüglich der Substratlösung (Abb. 5). Diese Konzentration ist etwa 5mal so groß wie die für L-Leuzin-β-naphthylamid als optimal angegebene [15]. Sicher infolge

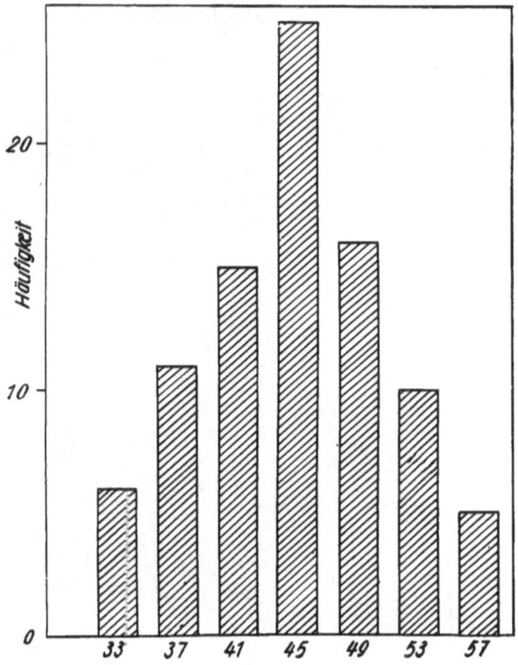

Abb. 3. Verteilung der Normalwerte von 90 Blutspendern.
Mittelwert $\bar{x} = 44{,}8$ I. U.; Standardabweichung $s = 6{,}8$ I. U.; Normalbereich $\bar{x} \pm 2\,s = 31-59$ I.U.

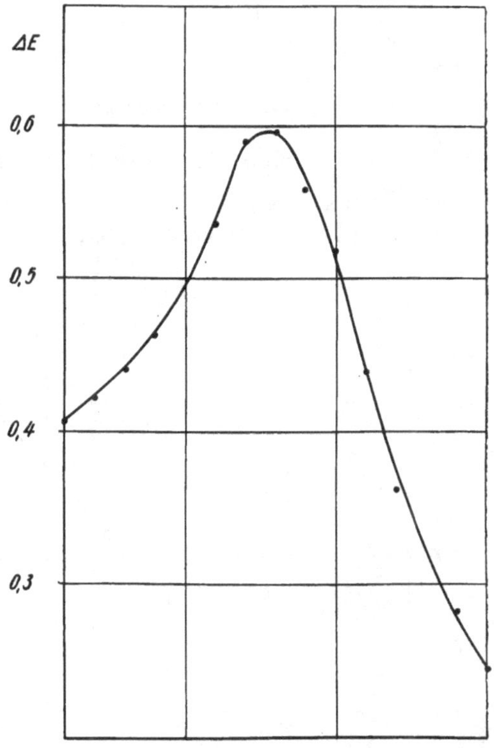

Abb. 4. Abhängigkeit der Enzymaktivität vom *p*H-Wert. Standardbedingungen, ohne Kobaltchlorid

des dann sehr hohen Substratüberschusses tritt bei größeren Konzentrationen eine Hemmung ein.

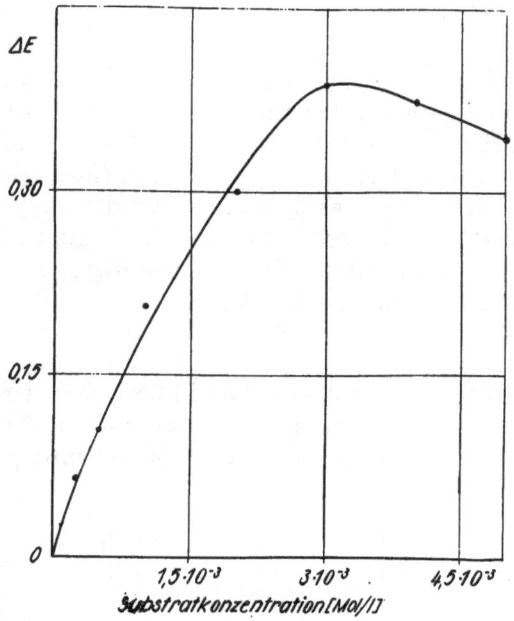

Abb. 5. Abhängigkeit der Enzymaktivität von der Substratkonzentration. Standardbedingungen

Maximale Reaktionsgeschwindigkeit

Abbildung 6 zeigt eine eindeutig lineare Beziehung zwischen Inkubationszeit und hydrolysiertem Substrat über einen Zeitraum von 4 Std.

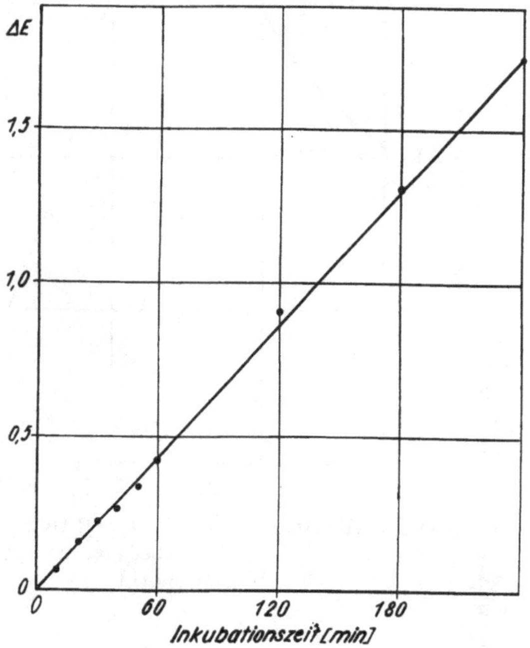

Abb. 6. Abhängigkeit der Extinktion von der Inkubationszeit. Standardbedingungen

Im Prinzip die gleichen Funktionen sind in Abbildung 7 für verschiedene Serummengen wiedergegeben, nur daß die Extinktionen in die entsprechenden Mengen umgesetzten Substrat umgerechnet worden sind.

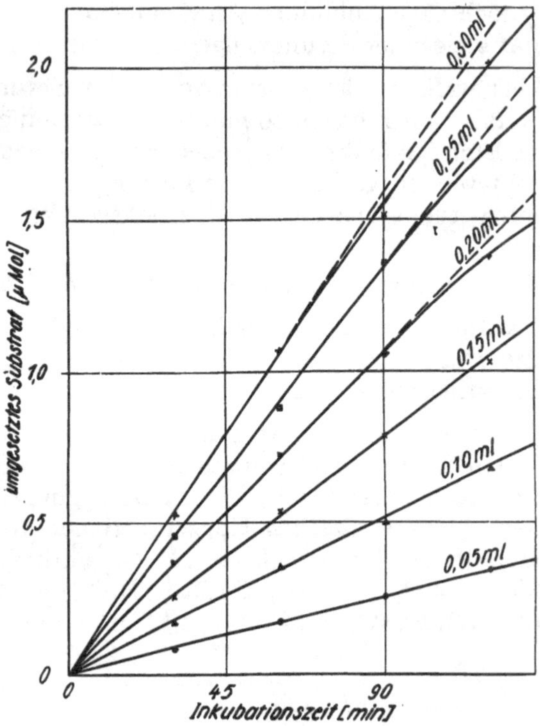

Abb. 7. Abhängigkeit der umgesetzten Substratmenge von Serummenge und Inkubationszeit. Tris-Puffer = $5 \cdot 10^{-2}$ M, Substrat = $3{,}32 \cdot 10^{-3}$ M, zugesetzte Serummenge auf 0,5 ml aufgefüllt

Die Anstiege der Geraden ergeben die Geschwindigkeitskonstanten der Anfangsreaktionen, deren Abhängigkeit von der Serummenge in Abbildung 8 dargestellt ist. Sie zeigt, daß die Anfangsgeschwindigkeiten mit steigender Serummenge gleichmäßig zunehmen. Die Reaktionsgeschwindigkeiten bleiben

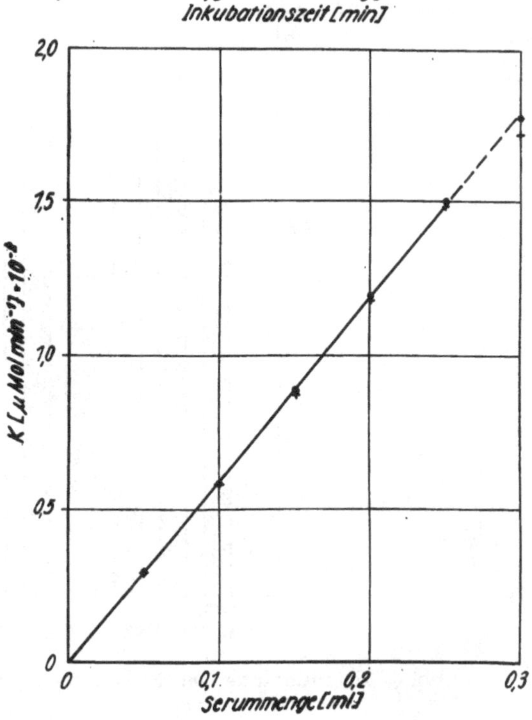

Abb. 8. Abhängigkeit der Reaktionsgeschwindigkeit von der Serummenge. (o) graphisch, (+) rechnerisch ermittelte Geschwindigkeitskonstanten

jedoch nach Abbildung 7 mit zunehmender Inkubationszeit und besonders mit steigender Serummenge unter dem Anfangswert zurück.

Uns erscheint der Einsatz von 0,1 ml Serum pro Ansatz und eine normale Inkubationszeit von 60 min bei Verwendung von 1 cm-Küvetten am zweckvollsten. Wie die gemessenen Extinktionen zeigen, kommt man aber ohne weiteres mit geringeren Serummengen aus, vor allem, wenn man an Seren mit pathologisch wesentlich erhöhter Aktivität denkt.

Beeinflussung der Enzymaktivität durch Metallionen

Die Ionenspezifität eines Enzyms hängt sowohl vom Substrat als auch von der Enzymherkunft bzw. -präparation ab. Schließlich spielen auch die Reaktionsbedingungen eine gewisse Rolle.

Um nun einerseits die Ionenspezifität, andererseits Aktivierungsmöglichkeiten festzustellen, wurden Inkubationen bei Benutzung desselben Serums und auch unter sonst gleichen Bedingungen mit Tris-Puffer durchgeführt, der in jeweils gleichen Konzentrationen von 10^{-3} M folgende verschiedene Metallsalze bei gleichem *p*H 7,5 enthielt: $MgCl_2 \cdot 6\,H_2O$ (MG 203,33), $MnCl_2 \cdot 4\,H_2O$ (197,92), $CuCl_2 \cdot 2\,H_2O$ (170,49), $CoCl_2 \cdot 6\,H_2O$ (237,95), $HgCl_2$ (271,52), $CdSO_4 \cdot {}^8/_3\,H_2O$ (256,52) und $FeSO_4 \cdot 7\,H_2O$ (278,03).

Abb. 9. Beeinflussung der Enzymaktivität durch Metallionen (Me^{++}). Standardbedingungen

Anhand des Säulendiagramms der Abbildung 9 ist zu erkennen, daß Mg^{++}, Mn^{++} und Fe^{++} keinen nennenswerten Einfluß haben, während Co^{++} aktiviert und Cu^{++}, Hg^{++} sowie besonders Cd^{++} hemmen.
Als Aktivator bot sich somit Kobaltchlorid an. Dessen günstigste Konzentration beträgt, wie man aus Abbildung 10 sieht, $7 \cdot 10^{-4}$ M im Tris-Puffer,

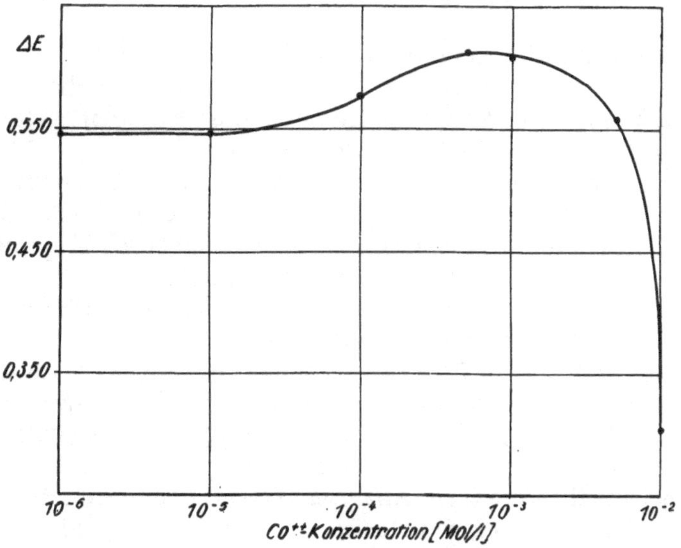

Abb. 10. Abhängigkeit der Enzymaktivität von der Kobaltionenkonzentration. Standardbedingungen

entsprechend 16,7 mg $CoCl_2 \cdot 6\,H_2O$ in 100 ml Puffer. Interessant ist die unter unseren Bedingungen schon bei 10^{-2} M Co^{++} feststellbare starke Hemmung der Enzymaktivität.

Reproduzierbarkeit der Methode

In Erwartung des größten Fehlers durch Ungenauigkeiten beim Einhalten der Inkubationszeit wurden vom gleichen Serum je 20 Bestimmungen mit 15- und 60minütiger Inkubation durchgeführt; folgende Werte wurden erhalten:

	60minütige Inkubation	15minütige Inkubation
Mittelwert $\bar{x}$ (I. U.)	78,8	78,6
Standardabweichung s (I. U.)	1,7	6,0
Variationskoeffizient Vk (%)	2,15	7,62

Der für 60minütige Inkubation ermittelte Variationskoeffizient von 2,15% hat für eine Routinemethode eine zulässige Größe. Die Methode kann somit als hinreichend genau angesehen werden.

Diskussion

Das beschriebene Verfahren weist gegenüber der Bestimmung der Aminosäurearylamidaseaktivität mit L-Leuzin-β-naphthylamid einige wesentliche Vorteile auf:

1. Die inkubierten Lösungen können nach Abbruch der Inkubation durch Ansäuern sofort kolorimetriert werden, so daß sich Zeit- und Arbeitsaufwand verringern.
2. Der molare Extinktionskoeffizient des PAP-amins im sauren Medium ist etwa doppelt so groß wie der des Farbstoffs, der durch Kuppeln von β-Naphthylamin mit N-α-Naphthyl-äthylendiamin entsteht. Daraus resultiert eine größere Empfindlichkeit der Methode.
3. Der Gültigkeitsbereich des Lambert-Beerschen Gesetzes für PAP-amin ist zweimal so groß wie der des in einer verbesserten „LAP"-Methode [2] (Substrat L-Leuzin-β-naphthylamid) angegebenen, durch Kupplung von β-Naphthylamin mit Echtrot B erhaltenen Farbstoffs.
4. Die Linearität zwischen Reaktionsgeschwindigkeit und Serummenge ist im beschriebenen Verfahren, wohl auf Grund wesentlich höherer Substratkonzentration, mit bis zu 0,30 ml Serum pro Ansatz bei 1stündiger Inkubation viel weitreichender als bei Verwendung von L-Leuzin-β-naphthylamid als Substrat mit 0,03 [13] und 0,06 ml Serum [2] als obere Grenze.

Nach bisher vorliegenden eigenen Ergebnissen kann die Methode als ein für den Routinebetrieb geeignetes Analysenverfahren bezeichnet werden. Im Rahmen der Ausarbeitung des Verfahrens und der Normalwertermittlung wurden bisher im Humanserum etwa 300 Bestimmungen auf diese Art durchgeführt. In einem Anwendungstest hat sich das Verfahren auch für die Bestimmung der Aminosäurearylamidase im Rinderserum als geeignet erwiesen.

Literatur

[1] Green, M. N., K.-C. Tsou, R. Bressler u. A. M. Seligman: Arch. Biochem. Biophysics **57**, 458 (1958).
[2] Weber, H.: Clin. chim. Acta [Amsterdam] **10**, 521 (1964).
[3] Erlanger, B. F., N. Kokowsky u. W. Cohen: Arch. Biochem. Biophysics **95**, 271 (1961).
[4] Tuppy, H., U. Wiesbauer u. E. Wintersberger: Hoppe-Seyler's Z. physiol. Chem. **329**, 278 (1962).
[5] Nagel, W., F. Willig u. H. F. Schmidt: Klin. Wschr. **42**, 447 (1964).
[6] Barth, A. u. P. Schwenk: Acta chim. Acad. Sci. hung. (im Druck).
[7] Barth, A. u. P. Schwenk: J. prakt. Chem. (im Druck).
[8] Barth, A. u. P. Schwenk: Z. Chem. **5**, 270 (1965).
[9] Farthing, A. C.: J. chem. Soc. [London] **1950**, 3213.
[10] Bergmann, M. u. L. Zervas: Ber. dtsch. chem. Ges. **65**, 1192 (1932).
[11] Wieland, Th. u. B. Heinke: Liebigs Ann. Chemistry **615**, 184 (1958).
[12] Ben-Ishai, D. u. A. Berger: J. org. Chem. **17**, 1564 (1952).
[13] Göggel, K.-H., W. Creutzfeldt u. J. Murucas: Dtsch. med. Wschr. **85**, 1808 (1960).
[14] Goldbarg, A. J. u. A. M. Rutenburg: Cancer **11**, 283 (1958).
[15] Bergmeyer, H. U.: Methoden der enzymatischen Analyse. Verlag Chemie, Weinheim 1962.

Summary

A. Barth, K.-H. Hoffmann and I. Pilch: Amino acid-4-(phenylazo)-phenyl derivatives. XI. L-alanine-4-(phenylazo)-phenylamide as substrate for colorimetric activity determinations of amino acid aryl amidases in the serum

A method of determining the amino acid aryl amidase activity in the serum using the new substrate L-alanine-4-(phenylazo)-phenylamide is described, from which the colored phenylazophenylamine is released during the enzymatically catalyzed hydrolysis. Its concentration can be determined colorimetrically at 500 nm. Optimal conditions of reaction were chosen for the so enabled activity analysis. The method is suited for routine activity determinations of the amino acid aryl amidase, and its very simple performance and great sensitivity offer considerable advantages compared with the determination using L-leucine-β-naphthylamide as substrate.

Резюме

А. Барт, К.-Г. Гоффманн и И. Пилх: О производных аминокислоты-4-(фенилазо)-фенила. XI. L-аланин-4-(фенилазо)-фениламид в качестве субстрата для колориметрического определения активности ариламидаз аминокислоты в сыворотке

Описывается метод для определения активности ариламидаз аминокислоты в сыворотке с применением нового субстрата L-аланина-4-(фенилазо)-фениламида, из которого при энзиматически катализируемом гидролизе высвобождается цветной фенилазофениламин, концентрация которого может быть определена колориметрически при 500 нм. Для возможного таким образом анализа активности найдены оптимальные условия реакции. Метод пригоден для рутинного определения активности ариламидазы аминокислоты и, ввиду очень простого выполнения его и повышенной чувствительности, имеет ряд значительных преимуществ по отношению к определению с L-лейцин-β-нафтиламидом в качестве субстрата.

Acta biol med. german., Band 16, Seite 586—589 (1966)

Aus dem Institut für Biochemie und Lebensmittelchemie der Technischen Universität Dresden (Direktor: Prof. Dr.rer.nat.habil. U. FREIMUTH) und dem Chemischen Zentrallabor (Leiter: Doz.Dr. rer.nat.habil. M. BÜCHNER) des Bezirkskrankenhauses Dresden-Friedrichstadt (Ärztlicher Direktor: Prof. Dr.med.habil. O. GÜNTHER)

Untersuchungen über das Verhältnis von Galaktose zu Mannose in Mukoproteiden mit Hilfe der Dünnschichtchromatographie

U. FREIMUTH, J. SCHMIEDER und M. BÜCHNER

(Eingegangen am 13. 1. 1966)

Zusammenfassung

Es wurde für die Mukoproteide ein Verhältnis von Galaktose zu Mannose wie 1,8 zu 1 ermittelt und auf die Bedeutung dieses Verhältnisses für die Genauigkeit der Bestimmung der eiweißgebundenen Hexosen mit der Orcin-Methode hingewiesen. Die analytische Arbeitsweise wird im einzelnen beschrieben.

Die überwiegende Zahl der Eiweißkörper des menschlichen Serums enthält neben Aminosäuren auch Zucker als integrierende Bausteine. Die Bestimmung dieser eiweißgebundenen Zucker wird für klinische Zwecke häufig ausgeführt, wobei im allgemeinen in der Bestimmung der Hexosen (Galaktose und Mannose) eine diagnostische Aussage gesucht wird.
Beim Betrachten der Fülle der über dieses Problem veröffentlichten Literatur und der verwendeten Methoden fällt auf, daß die erhaltenen Ergebnisse durchweg auf ein Hexosenverhältnis von eins bezogen werden.
Untersuchungen von SCHULTZE [1] an isolierten reinen Eiweißkörpern erbrachten aber in den meisten Fällen mehr oder weniger große Abweichungen von diesem Verhältnis, so daß es uns als dringend erschien, eine getrennte quantitative Analyse dieser beiden Zucker zu betreiben. Wir wählten zum Untersuchungsgegenstand die Mukoproteide, die bei entsprechenden Fällungsbedingungen eine definierte Zusammensetzung haben [2] und daher für die Klinik brauchbare Aussagen ermöglichen können.

Methodik

Das Serum wird mit 0,75 M Perchlorsäure enteiweißt. (Eine 0,75 M Lösung erhält man aus der 70%igen Perchlorsäure z. A., entsprechend $d_{20} = 1{,}67$, wenn man 10,765 g mit Wasser auf 100 ml auffüllt.) Die Konzentration der Perchlorsäure muß am Ende der Fällung 0,6 M sein. Den Überstand saugt man durch eine 1G4-Fritte [3]. Das Filtrat ist vollkommen klar und enthält die Mukoproteide.
Diese werden in üblicher Weise durch 5%ige Phosphorwolframsäure (PWS) in 2 n Salzsäure gefällt. Der Niederschlag der PWS-Fällung wird abzentrifugiert, mit dem

Fällungsmittel gewaschen und durch Behandeln mit eiskaltem, absolutem Alkohol von der PWS befreit.
Die Hydrolyse erfolgte mit 3 n Schwefelsäure. Die in 2 ml 0,01 n Natronlauge aufgelösten Mukoproteide versetzten wir mit 6 ml einer 4 n Säure und erhitzten 4 Std. auf 80 °C. Die Hydrolysate wurden in 25 ml Meßkolben überführt und mit Wasser zur Marke aufgefüllt. In einem aliquoten Teil titrierten wir die Säure gegen Methylorange mit 0,1 n NaOH.
Aus dem Verbrauch an Lauge läßt sich die zum Entfernen der Säure nötige Bariumkarbonatmenge wie folgt berechnen:

$$1 \text{ ml } 0{,}1 \text{ n NaOH} = 9{,}8685 \text{ mg } BaCO_3$$

$$\text{Menge } BaCO_3/\text{mg} = \frac{9{,}8685 \cdot \text{ml } 0{,}1 \text{ n NaOH} \cdot \text{Restvolumen}}{\text{ml vorgelegte Hydrolysatmenge}}$$

Die genau abgewogene $BaCO_3$-Menge gibt man portionsweise unter Rühren zu und zentrifugiert vom ausgefallenen Bariumsulfat ab. Der Niederschlag wird mit Wasser gewaschen. Die vereinigten Filtrate engt man bei Temperaturen unter 50 °C bis zur Trockne ein, löst die Zucker in einem bekannten Volumen Wasser und chromatographiert sie auf Dünnschichtplatten.

Chromatographie

Als Trägermaterial verwendeten wir Kieselgel G nach Stahl, das wir mit 0,1 M Borsäure imprägnierten. Dazu werden 30 g Kieselgel G in 50 ml einer 0,1 M Borsäurelösung suspendiert.
Schichtdicke: 0,5 mm.
Die Platten waren luftgetrocknet. Die Schicht ritzten wir zwischen den einzelnen 1,5 cm breiten Laufstrecken ein, um eine Querdiffusion zu verhindern.
Aufgetragen haben wir mit einer umgebauten Chropaspritze auf der vorher markierten Startlinie.
Laufmittel: Essigsäureäthylester–Isopropanol-Wasser 7:2:1.
Zwei Durchläufe von je 15 cm Laufstrecke erbrachten in Bezug auf Trennung und Fleckengestalt die günstigsten Ergebnisse.
Die Zucker haben wir auf den Chromatogrammen mit Blautetrazoliumchlorid (BTC) angefärbt. Kurz vor Gebrauch mischten wir 1 Volumenteil einer 0,5%igen, wäßrigen

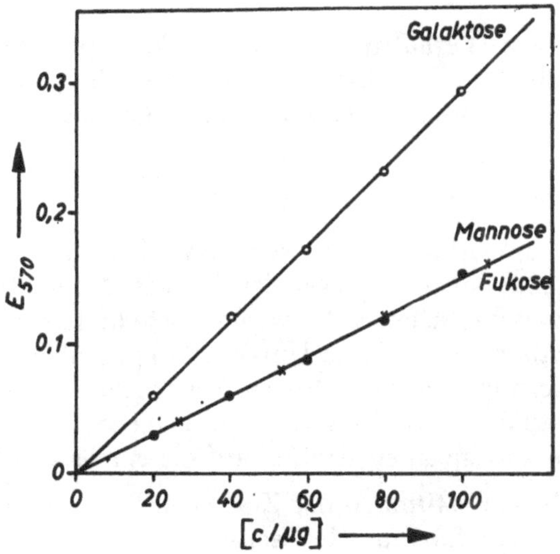

Abb. 1. Eichkurve zur quantitativen Zuckerbestimmung mit BTC, Dünnschichtchromatographie. Über der Konzentration der einzelnen Zucker pro Fleck ist die nach der Elution des gebildeten Farbstoffs gemessene Extinktion bei 570 nm aufgetragen

BTC-Lösung (im Kühlschrank in dunkler Flasche haltbar) mit drei Volumenteilen einer 10%igen methanolischen Natronlauge. Die Platten werden unter Zwischentrocknen mehrmals besprüht, bei 50 °C und wasserdampfgesättigter Atmosphäre 10 min getrocknet und 30 min auf Zimmertemperatur abgekühlt. Nach dem Sprühvorgang ist die Platte vor Lichteinwirkung zu schützen [4].

Die mit insgesamt 4,5 ml Essigsäureäthylester-Methanol (7:3) eluierten Farbstoffe haben wir bei 570 nm in 10 mm Küvetten im Spektralphotometer VSU 1 ausgemessen. Die Werte auf einem Chromatogramm waren in jedem Fall gut vergleichbar. Als Leerwert diente ein in gleicher Weise gewonnenes Eluat eines den Zuckerflecken benachbarten Flächenäquivalentes. Die erhaltenen Werte wurden auf mit Testsubstanzen aufgestellte Eichkurven bezogen. Durch die unterschiedliche Reduktionskraft der beiden Hexosen ergibt sich für jeden Zucker eine eigene Eichkurve (Abb. 1). Die Mukoproteide enthalten neben den beiden Hexosen als BTC-reduzierende Substanz auch Fukose, allerdings nur in geringen Mengen. Sie wird bei der Chromatographie genügend genau von der Mannose abgetrennt. Selbst größere Mengen, die wir bei Testversuchen zusetzten, störten die Genauigkeit der Trennung und Bestimmung nicht.

Ergebnisse

Die erhaltenen Versuchsergebnisse sind in der folgenden Tabelle zusammengestellt.

Tabelle 1
Verhältnis von Galaktose zu Mannose bei normalen und pathologischen Fällen

Proben	Anzahl der Bestimmungen	Mittelwert
Normalseren	20	1,79 ± 0,04
Seren mit erhöhten α_2-Globulinen	32	1,75 ± 0,11
Seren von Diabetikern mit zusätzlichen Komplikationen	30	1,85 ± 0,20
Seren von aktiven Tuberkulösen	40	1,80 ± 0,02

Dieses Verhältnis war bei den Mukoproteiden der untersuchten Fälle unabhängig vom absoluten Hexosengehalt. Bei den Tuberkulosefällen traten bis zu dreifach erhöhte Hexosenmengen auf.

Diskussion

Die Vielfalt der verwendeten Methoden bei der Bestimmung der eiweißgebundenen Hexosen ist für die Auswertung der erzielten Ergebnisse in diagnostischer Sicht wenig vorteilhaft. Bereits SCHÖNENBERGER et al. [5] haben ausführliche Untersuchungen über eine Präzisierung und Standardisierung angestellt. Später konnte die Arbeitsgruppe um SCHULTZE [6] zeigen, daß das Verhältnis von Galaktose zu Mannose bei gleicher absoluter Hexosenmenge einen Einfluß auf die gemessene Extinktion hat.

Beim Bestimmen der Zucker mit der Orcin-Methode kann durch Beziehen auf ein falsches Hexosenverhältnis bei der Analyse der Mukoproteide ein

Fehler bis zu 10% auftreten, wenn die gemessene Extinktion im mittleren Bereich liegt.

Ob die durch das Beachten des richtigen Hexosenverhältnisses erreichte größere analytische Genauigkeit immer der möglichen klinischen Aussage entspricht, möchten wir in Frage stellen. Wir glauben aber, aus den erhaltenen Ergebnissen Rückschlüsse auf die Glykoproteidsynthese in sofern ziehen zu können, als das Verhältnis der Kohlenhydrate unabhängig vom Grad der Vermehrung der Mukoproteide ist.

Dieser Befund scheint die von Musil [7] ausgesprochene Möglichkeit zu bestätigen, daß die Glykoproteide aus vorgebildeten Polysaccharidketten und Peptidbruchstücken aufgebaut werden. Die Verminderung der eiweißgebundenen Zucker bei parenchymatösen Leberschäden beweist die Beteiligung der Leber an der Synthese [8].

Literatur

[1] Schultze, H. E.: Bull. schweiz. Akad. med. Wiss. 17, 77 (1961).
[2] Schultze, H. E., K. Heide u. H. Haupt: Clin. chim. Acta [Amsterdam] 7, 854 (1962).
[3] Ledvina, M. u. S. Coufalova: Clin. chim. Acta [Amsterdam] 6, 16 (1961).
[4] Zawta, B.: Diplomarbeit, Technische Universität Dresden (1964).
[5] Schönenberger, M., H. Kellner, H. Südhof u. H. Haupt: Hoppe-Seyler's Z. physiol. Chem. 309, 145 (1957).
[6] Schultze, H. E., R. Schmidtberger u. H. Haupt: Biochem. Z. 329, 490 (1958).
[7] Musil, J.: Clin. chim. Acta [Amsterdam] 6, 508 (1961).
[8] Schultze, H. E.: Scand. J. clin. Lab. Invest., Suppl. 10, 31, 135 (1957).

Summary

U. Freimuth, J. Schmieder and M. Büchner: Studies on the galactose-mannose ratio in mucoproteins by means of thin layer chromatography

A galactose-mannose ratio of 1,8 to 1 for mucoproteins has been determined and the significance of this ratio for the accuracy of determination of protein-bound hexoses by the orcin method been pointed out.
The analytical approach is described in detail.

Резюме

У. Фреймут, И. Шмидер и М. Бюхнер: Исследования об отношении галактозы к маннозе в мукопротеидах при помощи тонкослойной хроматографии

Было установлено отношение галактозы к маннозе для мукопротеидов, равное 1,8 к I. Обсуждается значение этого отношения для точности определения связанных с белком гексоз по орсинному методу. Подробно описывается аналитический метод работы.

Acta biol. med. german., Band 16, Seite 590—594 (1966)

Aus dem Physiologisch-chemischen Institut der Humboldt-Universität zu Berlin
(Direktor: Prof. Dr. Dr. S. M. RAPOPORT)

Über das Verhalten der Östradiol-17-β-Dehydrogenase in Erythrozyten während der Konservierung

H. J. RADERECHT unter Mitarbeit von CH. HAHN[1]

(Eingegangen am 27. 1. 1966)

Zusammenfassung

1. Es wurden die Östrogen-umwandelnden Enzyme der Erythrozyten während der Konservierung untersucht. Das Verhältnis des Östron-Umsatzes zum Östradiol-Umsatz liegt bei frischen Erythrozyten in Anwesenheit eines Überschusses von Glukose bei 2:1, in Abwesenheit von Glukose nach MIGEON bei 1:2.
2. Während der Konservierung verschiebt sich das Gleichgewicht bei Inkubation mit einem Überschuß von Glukose von 2:1 auf 1:2. Dies wird auf die Abnahme der aktuellen Aktivität der Hexokinase und Glukose-6-phosphat-Dehydrogenase in der ACD-Lösung und die *p*H-Verschiebung zurückgeführt.
3. Aus der Abnahme des Gesamtumsatzes wird auf eine Abnahme der Konzentration der NADP-Nukleotide während der Konservierung im ACD geschlossen, analog der von BLUM nachgewiesenen Abnahme der NAD-Nukleotide.

Für den Eintritt des Konservierungsschadens der Erythrozyten muß eine Abnahme der energiereichen Phosphate (RAPOPORT [14], GABRIO et al. [5], PRANKERD [15], HAENEL et al. [6], LÖHR und WALLER [9], BARTLETT und SHAFER [2]) und der Pyridinkofermente (BLUM und TREPTE [4]) verantwortlich gemacht werden. Da weiterhin angenommen werden muß, daß die Aktivität der Glukose-6-phosphat-Dehydrogenase mit zunehmender Aufbewahrungsdauer der Erythrozyten und der damit verbundenen *p*H-Verschiebung zum sauren Bereich abnehmen wird, war es von Interesse zu untersuchen, wie sich die Östrogen-umwandelnden Enzyme der Erythrozyten während der Konservierung verhalten. Es wurde deshalb die Umwandlung von Östron und Östradiol-17-β durch Erythrozyten im Verlaufe der Blutkonservierung im ACD-Medium untersucht.

Abkürzungen: G-6pDH = Glukose-6-phosphat-Dehydrogenase; NADP = Nikotinamid-Adenin-Dinukleotid-Phosphat; NAD = Nikotinamid-Adenin-Dinukleotid

[1] Ausführliche Darstellung: Dissertation CH. HAHN, Med. Fak. Humboldt-Univ. Berlin, 1966

Material und Methodik

Blut von Erstspendern wurde im ACD-Stabilisator im Verhältnis 4:1 aufgefangen (Stabilisator Natriumzitrat 2,13 g, Zitronensäure 0,74 g, Glukose 2,0 g, Aqua bidest. ad 100) unter sterilen Bedingungen in mehrere Proben für die einzelnen Lagerungsperioden unterteilt und anschließend bei 4° aufbewahrt. Zur Inkubation wurde 1 ml ACD-Blut mit 1 µg Östron bzw. Östradiol in alkoholischer Lösung (0,05 ml) und 10 mg (in 0,1 ml 0,9% NaCl) Glukose versetzt. Die Inkubation wurde nach Markwardt und Repke [17] durchgeführt (10 Std. 37 °C), anschließend die Bestimmung der Östrogene nach Ittrich [16].

Ergebnisse

Das Verhalten des Östradiol- bzw. Östronabbaues durch Erythrozyten in Abhängigkeit von der Konservierungsdauer gibt die Abbildung 1 wieder. Es zeigt sich, daß der Gesamtumsatz mit zunehmender Aufbewahrungsdauer

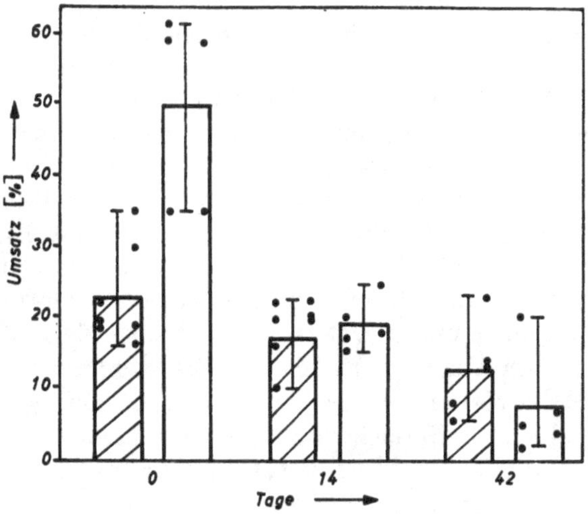

Abb. 1. Östrogenumsatz während der Konservierung im ACD-Medium.
▨ = Östradiol; □ = Östron

abnimmt, wobei die Abnahme des Östronumsatzes wesentlich steiler verläuft als die Abnahme des Östradiolumsatzes. Das Verhältnis von Östron- zu Östradiolumsatz beträgt zu Beginn der Versuchsperiode annähernd 2:1, nach 14 Tagen etwa 1:1 und nach 42 Tagen etwa 1:2.

Diskussion

Die Umwandlung der Östrogene durch Erythrozyten ist an die Aktivität der Glukose-6-phosphat-Dehydrogenase, der Östradiol-17-β-Dehydrogenase, die Gegenwart von Glukose-6-phosphat und NADP gebunden [3], [12], [17].

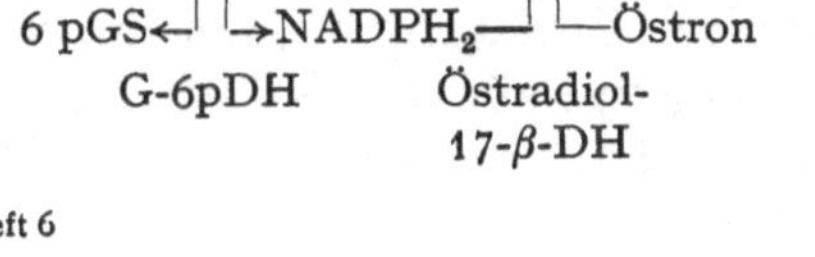

Nach Untersuchungen von MIGEON und Mitarbeitern [11] ist das als Östradiol-17-β-Dehydrogenase bezeichnete Enzym der menschlichen Erythrozyten NADP-abhängig. Menschen, die einen genetischen Mangel an Glukose-6-phosphat-Dehydrogenase aufweisen, zeigen einen starken Abfall der Umwandlungsfähigkeit von Östron in Östradiol-17-β. Dies kann dadurch gedeutet werden, daß durch die verminderte oder fehlende G-6-pDH-Aktivität eine zu geringe $NADPH_2$-Menge gebildet wird, die die Aktivität der Östradiol-17-β-Dehydrogenase begrenzt.
Die vorliegenden Ergebnisse machen zunächst wahrscheinlich, daß die Gesamtkonzentration der NADP-Nukleotide während der Konservierung im ACD-Medium absinkt. Dies kann auf eine Aktivierung der von HOFMANN und RAPOPORT [7] nachgewiesenen NAD- und NADP-spezifischen Nukleotidasen beruhen. BLUM und TREPTE [4] konnten eine Aktivierung der NAD-spezifischen Nukleotidasen bei Aufbewahrung von Erythrozyten in ACD-Lösung nachweisen. Diese Aktivierung während der Konservierung betrifft offensichtlich nicht nur die abbauenden Enzyme für die NAD-Nukleotide, sondern auch die NADP-spezifischen Nukleotidasen.
Weiterhin machen die vorliegenden Experimente eine Verschiebung des Verhältnisses von $NADPH_2$ zu NADP wahrscheinlich. Mit steigender Aufbewahrungsdauer verschiebt sich das Gleichgewicht zwischen NADP und $NADPH_2$ auf die Seite von NADP. Die Ursache für diese Erscheinung wird in der Verschiebung des *p*H-Wertes in der Blutkonserve während der Konservierung gesehen. Aus den Untersuchungen von RAPOPORT und Mitarbeiter [15] sowie von MELLBYE und SCOTT [10] ist bekannt, daß die Kapazität der G-6-pDH und der 6-pGDH in menschlichen Erythrozyten während der Aufbewahrung im ACD-Medium unverändert bleibt. Das *p*H-Optimum der G-6-pDH liegt jedoch im Bereich von 7—8 (KIRKMAN et al. [8]). Dies bedeutet, daß die aktuelle Aktivität dieses Enzyms mit fallendem *p*H-Wert in der Blutkonserve absinken muß. Damit muß auch die den Erythrozyten zur Verfügung stehende Menge an $NADPH_2$ sinken und sich das Verhältnis von NADP zu $NADPH_2$ auf die Seite von NADP verschieben. Dazu kommt die von JAKOBASCH und Mitarbeiter [18] nachgewiesene Verminderung der Hexokinase-Aktivität. Die hierdurch bedingte verminderte Bildung von Glukose-6-phosphat wird z. T. durch die verminderte Umwandlung in die 6-p-Glukonsäure ausgeglichen, so daß die Gesamtmenge des stationären Glukose-6-phosphates nach 20tägiger Konservierung im ACD-Medium konstant bleibt, wie es bereits die Untersuchungen von BARTLETT und SHAFER [2] zeigten.
Die Deutung wird durch ältere Untersuchungen von MIGEON und Mitarbeitern [11] gestützt. Sie fanden, daß bei Abwesenheit von Glukose im Inkubationsansatz das Verhältnis des Östradiol-Umsatzes zum Östron-Umsatz wie 2:1 ist.
Diese Ergebnisse können ihre Erklärung in einer mangelhaften Bildung von Glukose-6-phosphat als Substrat für die G-6-pDH finden. Der Mangel an Substrat begrenzt in diesem Fall die Bildung von $NADPH_2$.

Es ergibt sich somit das gleiche Bild, das Erythrozyten nach längerer Aufbewahrung in einem ACD-Medium durch die Hexokinase und G-6-pDH-Hemmung bei Glukose-Überschuß zeigen.

Literatur

[1] Bartlett, G. R. u. H. N. Barnet: Change in the phosphate compounds of the human red blood cell during blood bank storage. J. clin. Invest. **39**, 56 (1960).
[2] Bartlett, G. R. u. A. W. Shafer: Phosphate compounds in red blood cell during storage in ACD and ACDI. J. clin. Invest. **39**, 62 (1960).
[3] Bischoff, F., A. Torres u. G. Lopes: G-6-P in Estronase systems. Amer. J. Physiol. **189**, 447 (1957).
[4] Blum, K.-U. u. G. Trepte: Verhalten der Nukleosidase in Erythrozyten von Blutkonserven. Klin. Wschr. **39**, 268 (1961).
[5] Gabrio, B. W., D. M. Donohue u. C. A. Finch: Relationship between chemical changes and viability of stored blood. J. clin. Invest. **34**, 1509 (1955).
[6] Haenel, I., G. Huber u. K.-H. Kärcher: Beeinflussung des Kohlenhydrat-Stoffwechsels der Erythrozyten durch Nukleotide. Klin. Wschr. **35**, 141 (1957).
[7] Hofmann, E. C. G. u. S. Rapoport: TPN- und DPN-spezifische Nucleosidasen in Erythrozyten. Biochem. Z. **329**, 437 (1957).
[8] Kirkman, H. N., P. R. McCurdy u. J. L. Naiman: Functionally Abnormal Glukose-6-Phosphate Dehydrogenase. Cold Spring Harbor Symposia on Quantitative Biology **19**, 391 (1964).
[9] Löhr, G. W. u. H. O. Waller: Zellstoffwechsel und Zellalterung. Klin. Wschr. **36**, 1008 (1958); **37**, 833 (1959).
[10] Mellbye, O. J. u. D. Scott: The stability of G-6-PD and 6-PGD in human erythrocyts during storage. Scand. J. clin. Invest. **16**, 177 (1964).
[11] Migeon, C. J., O. L. Lescure, W. H. Zinkham u. J. B. Sidbury: In vitro Interconversion of 16-C^{14} Estron and 16-C^{14} Estradiol-17-β by Erythrocyts. J. clin. Invest. **41**, 2025 (1962).
[12] Portius, H. J. u. K. Repke: Über Stereospezifität und Aktivität der Östradioldehydrogenase in den Erythrozyten. Naunyn Schmiedeberg's Arch. exp. Pathol. Pharmakol **239**, 144, 184 (1960).
[13] Prankerd, T. A. J.: Chemical changes in stored blood. Biochem. J. **64**, 209 (1956).
[14] Rapoport, S.: Dimensional osmotic and chemical changes in stored blood. J. clin. Invest. **26**, 591, 616, 622, 629 (1947).
[15] Rapoport, S. M. u. Doktorandenkollektiv des Physiologisch-chemischen Instituts Berlin 1960/61. Folia haematol. [Leipzig] **78**, 4 (1962).
[16] Ittrich, G.: Die Bestimmung der Östrogene im Blut. Hoppe-Seyler's Z. physiol. Chem. **312**, 1 (1958).
[17] Markwardt, F. u. K. Repke: Die Reduktion von Östron in Östradiol-17-β durch das Glukose-6-phosphat-Dehydrogenasesystem. Naunyn-Schmiedebergs Arch. exp. Pathol. Pharmakol. **224**, 341 (1955).
[18] Jacobasch, G., H. J. Raderecht unter Mitarbeit von D. Schera, C. Böse u. R. Elsner: Die Veränderungen der Enzymkapazitäten von Hexokinase, Phosphofruktokinase und Pyruvatkinase roter Blutzellen bei Konservierung in ACD und zitratfreien Stabilisatoren. Acta biol. med. germ. (im Druck).

Summary

H. J. Raderecht with participation of Ch. Hahn: Behavior of estradiol-17-β dehydrogenase in erythrocytes during conservation

1. Estrogen-transforming enzymes of the erythrocytes were investigated during conservation. The ratio of estrone transformation to estradiol transformation was 2:1 with

fresh erythrocytes in presence of an excess of glucose, and 1:2 in absence of glucose according to Migeon.

2. When incubating with an excess of glucose the equilibrium was seen to change from 2:1 to 1:2 during conservation. This fact is related with the decrease of the actual activity of hexokinase and glucose-6-phosphate dehydrogenase by the ACD solution and the change of *p*H.

3. From the reduction of total transformation is concluded a reduction of the concentration of NADP nucleotides during conservation in ACD, analogously with the reduction of NAD nucleotides as has been demonstrated by Blum.

Резюме

Г. И. Радерехт с участием Х. Ган: О поведении эстрадиола-17-бета-дегидрогеназы в эритроцитах во время консервирования

1. Изучали энзимы эритроцитов, превращающие эстрогены, во время консервирования. Установили отношение превращения эстрогена к превращению эстрадиола у свежых эритроцитов в присутствии избытка глюкозы, равное 2:1, а в отсутствии глюкозы по Мигеону — 1:2.

2. Во время консервирования при инкубации с избытком глюкозы равновесие смещается от 2:1 до 1:2. Этот факт связывается с уменьшением актуальной активности гексокиназы и глюкозо-6-фосфат-дегидрогеназы раствором ADC и с изменением *p*H.

3. Из уменьшения общего превращения делается вывод об уменьшении концентрации нуклеотидов NADP во время консервирования в ACD, аналогично с уменьшением нуклеотидов NAD, показанным Блумом.

Acta biol. med. german., Band 16, Seite 595–605 (1966)

Aus dem Institut für Kreislaufforschung der Deutschen Akademie der Wissenschaften zu Berlin (Direktor: Prof. Dr. A. Wollenberger), Berlin-Buch

Über die Aktivität der Phosphorylase, die Glykolyserate und das Verhalten des Phosphokreatins und Orthophosphats im Myokard des Meerschweinchens bei Kreislaufstillstand

E.-G. Krause und A. Wollenberger

(Eingegangen am 9. 2. 1966)

Zusammenfassung

Im aeroben Herzmuskel des Meerschweinchens liegen mehr als 30% der Glykogen phosphorylase in der *a*-Form vor. In der ersten Minute nach Unterbrechung der Blutzirkulation erfolgt keine Umwandlung von Phosphorylase *b* in *a* und die Glykolyse setzt in dieser Zeit nur verzögert und langsam ein. Der Gehalt des Herzmuskels an Adeninnukleotiden verändert sich kaum während der ersten Minute des Kreislaufstillstandes. Nach anfänglicher Erhöhung des Phosphokreatins und gleichzeitiger Erniedrigung des Orthophosphats erfolgt erst etwa 20 sec nach Ischämiebeginn die bei anderen Tierarten sofort zu beobachtende Abnahme des Phosphokreatins und Zunahme des Orthophosphats. Es ist anzunehmen, daß die anfängliche niedrige Glykolyserate mit der verzögerten Ausbildung des Energiedefizits im ischämischen Meerschweinchenmyokard zusammenhängt. Dem Orthophosphat, das sich während der 1. Minute um ein Mehrfaches erhöht, wird entscheidende Bedeutung bei der Steuerung der anaeroben Energiegewinnung im Meerschweinchenmyokard beigemessen.

Der Herzmuskel kann Stoffwechselenergie in beschränktem Maße auf anaerobem Wege gewinnen. Er erreicht dies im wesentlichen durch den Abbau seiner Glykogenreserven über den Glykolyseweg. Der erste Schritt dieses Abbau-Prozesses, die Bildung von Glukose-1-phosphat aus den Glykosyleinheiten des Glykogens und Orthophosphat, wird durch die Glykogenphosphorylase (α-Glukanphosphorylase, E.C. 2.4.1.1) katalysiert [2]. Ischämie und Sauerstoffmangel führen im Herzmuskel des Hundes [17], der Ratte [26] und der Schildkröte [27] zu einer vorübergehenden Umwandlung eines Teils der in der *b*-Form vorliegenden Phosphorylase in die sogenannte aktive oder *a*-Form des Ferments. Diese Aktivierung stellt einen wesentlichen Faktor bei der Stimulierung und Regulierung der anaeroben Energiegewinnung im Anfangsstadium der Anoxie und Ischämie des Herzens dar [17]. Während im aerob schlagenden Herzmuskel der obengenannten Spezies nur wenig oder keine Phosphorylase *a* vorgefunden wird [17], wurde im Herzmuskel des Meerschweinchens unter aeroben Bedingungen ein relativ hoher Gehalt an Phosphorylase *a* nachgewiesen [17]. Dieser Befund war Anlaß, die Phosphorylase-*a*-Aktivität und die Glykolysegeschwindigkeit im Meerschweinchenmyokard nach einsetzender Ischämie zu verfolgen. Angesichts der Bedeutung der Adeninnukleotide und des Orthophosphats für die Aktivität der Phosphorylase [26] wurde der Gehalt des Gewebes an diesen Verbindungen sowie auch an Phosphokreatin miterfaßt.

Methodik

Adulte Meerschweinchen (650–800 g) wurden mit einer i. p. Injektion einer Mischung von 10%iger Diallylbarbitursäure und 40%igem Urethan (1,5 ml/kg) narkotisiert. Unter künstlicher Beatmung mit Luft wurden Thorax und Perikard geöffnet. Bei einigen Tieren wurde kurz danach das Herz (ohne Atria) mittels der Kühlzangentechnik [37] in situ gefroren („0-sec" Proben). Bei den übrigen Tieren wurde das Herz etwa 5, 10, 20, 40 oder 60 sec nach Durchtrennung der Aorta mit der gleichen Technik fixiert. Der genaue Zeitpunkt dieses Vorgangs wurde mittels Stoppuhr festgestellt.
Einige Tiere erhielten 20 min vor Durchtrennung der Aorta eine i. v. Gabe von Pronethalol (Naphthylisoproterenol, Nethalide) in einer Dosierung von 7 mg/kg [1].
Die Aktivität der Phosphorylase wurde nach ILLINGWORTH und CORI [11] bestimmt. Aufbereitung und Extraktion des Gewebes erfolgten nach einer bereits beschriebenen Prozedur [17]. Das Gewebshomogenisat wurde zur Bestimmung der Fermentaktivität auf 800 oder 1600 ml/g Feuchtgewicht verdünnt, um Fehler durch gewebseigenes Adenosinmonophosphat (AMP) auszuschalten [8]. Die enzymatische Bestimmung von Laktat, Pyruvat, Gl-1-p, DOAP, G-1-p, G-6-p und FDP sowie von ATP, ADP und AMP erfolgten nach bereits früher zitierten Methoden [17].
Die Testkombination für die enzymatische Bestimmung von Phosphokreatin war nach den Angaben von HOHORST und Mitarbeitern [10] für die Erfassung von 3-Phosphoglyzerinsäure zusammengestellt.. Nach Zusatz von 6 μMol 3-PGS und 0,1 μMol ADP wurde die Reaktion durch Zugabe von Kreatinkinase (0,6 mg Protein) ausgelöst. Das Reaktionsvolumen betrug 1,0 ml. Die Bestimmung des Phosphokreatins als säuremolybdat-labiles Phosphat sowie die Bestimmung des Orthophosphats erfolgten nach WAHLER und WOLLENBERGER [32].

Ergebnisse

Phosphorylaseaktivität im durchbluteten und ischämischen Myokard des Meerschweinchens

Wie aus der Tabelle 1 ersichtlich ist, liegt in der durchbluteten Herzmuskulatur des narkotisierten und mit Luft beatmeten Meerschweinchens (Ge-

Abkürzungen: AMP = Adenosin-5'-monophosphat; ADP = Adenosindiphosphat; ATP = Adenosintriphosphat; DOAP = Dihydroxyazetonphosphat; FDP = Fruktose-1,6-diphosphat; G-1-p = Glukose-1-phosphat; G-6-p = Glukose-6-phosphat; Gl-1-p = Glyzerin-1-phosphat; 3 PGS = 3-Phosphoglyzerinsäure; GDH = Glyzerin-1-phosphatdehydrogenase; LDH = Laktatdehydrogenase.

Reagentien: AMP und G-1-p sowie alle eingesetzten Enzyme, mit Ausnahme der G-6-p-dehydrogenase (Sigma Chemical Co., St. Louis. Mo.) waren Produkte der Fa. C. F. Boehringer und Söhne GmbH., Mannheim. Glykogen wurde von E. Merck AG., Darmstadt bezogen. Pronethalol (1–(2-naphthyl)-2-isopropylaminoäthanolhydrochlorid) wurde freundlicherweise von Herrn J. W. BLACK, Imperial Chemical Industries, Ltd. und Nembutal (Pentobarbital) von Herrn Prof. Dr. R. K. RICHARDS, Abbott Laboratories, North Chicago, Ill., überlassen

Tabelle 1
Gehalt des Myokards des Meerschweinchens an Phosphorylase *a* vor und nach Durchtrennung der Aorta ascendens.
Mittelwerte ± Standardabweichungen.
Gesamtphosphorylase: 11,8 ± 1,5 μMol/min g

Zeit nach Durchtrennung der Aorta [sec]	Anzahl der Versuchstiere	Phosphorylase *a* [μMol Phosphat min · g]
0	11	4,02 ± 0,54
8	2	3,63
20	5	4,41 ± 0,57
40	2	4,72
60	6	4,77 ± 0,27
92	2	1,80

websfixierung bei 0 sec) die Phosphorylase *a* in einer Aktivität von 4,02 μMol Orthophosphat/min · g vor. Der prozentuale Anteil der Phosphorylase *a* an der Gesamtphosphorylaseaktivität beträgt 34% und war, wie Tabelle 2

Tabelle 2
Einfluß von Pronethalol auf die Phosphorylaseaktivität des aeroben Meerschweinchenherzens

Behandlung	Anzahl der Tiere	Gesamtphosphorylase [μMol Phosphat/min · g]	Phosphorylase *a* [%]
—	11	11,8 ± 1,5	34,1 ± 4,6
Pronethalol, 7 mg/kg	3	11,6 ± 1,3	37,1 ± 6,7

zeigt, nach Gabe von Pronethalol, einen Blocker der adrenergen β-Rezeptoren [1], unverändert. Nach Unterbrechung der Durchblutung kam es zu keiner Veränderung der Phosphorylase *a*-Aktivität (Tab. 1). Die geringfügige Vermehrung des *a*-Anteils 60 sec nach Kreislaufstop ist nicht signifikant. Nach 90 sec trat eine Verminderung der Phosphorylase *a*-Aktivität ein. Die Gesamtphosphorylaseaktivität, die mit 11,8 μMol/min · g niedriger als in einer früheren Untersuchung [17] war, zeigte über den angegebenen Zeitraum keine Veränderung.

Beschleunigung der Glykolyse

Der in den bei 0 sec eingefrorenen Herzen ermittelte Gehalt an einigen Produkten der Glykolyse ist in Tabelle 3 aufgeführt. Die Ergebnisse stimmen mit den von ISSELHARD und MERGUET [13] am gleichen Versuchstier erhaltenen Befunden weitgehend überein. Aus der gleichen Tabelle sind die Veränderungen des Gehalts der analysierten Metabolite während der ersten Minute nach Abdrosselung der Blutzufuhr ersichtlich. G-1-p, F-6-p, FDP, Pyruvat und DOAP zeigen so gut wie keine Veränderungen in der unter-

Tabelle 3

Gehalt des aerob durchbluteten und des ischämischen Myokards des Meerschweinchens an verschiedenen Produkten der Glykolyse. Mittelwerte ± Standardabweichungen in μMol/g Frischgewicht; Zahl der Versuche in Klammern

Zeit [sec] nach Durchtrennung der Aorta	Glukose-1-p	Glukose-6-p	Fruktose-6-p	Fruktose-1,6-p	Dihydroxy-azeton-p	Glyzerin-1-p	Pyruvat	Laktat
0	0,021 ± 0,010 (4)	0,096 ± 0,025 (9)	0,012 ± 0,009 (4)	0,053 ± 0,011 (5)	0,046 ± 0,012 (5)	0,040 ± 0,016 (9)	0,069 ± 0,021 (5)	2,22 ± 0,20 (9)
8	—	0,047 ± 0,012 (4)	—	0,040 ± 0,015 (2)	0,027 ± 0,020 (2)	0,031 ± 0,019 (4)	0,065 ± 0,022 (2)	2,35 ± 0,35 (4)
20	—	0,106 ± 0,031 (5)	<0,005 (3)	0,065 ± 0,030 (3)	0,031 ± 0,020 (3)	0,078 ± 0,016 (5)	0,069 ± 0,010 (3)	2,83 ± 0,41 (5)
40	0,022 (1)	0,101 ± 0,011 (4)	0,019 (1)	0,078 ± 0,020 (2)	0,063 ± 0,012 (2)	0,318 ± 0,055 (3)	0,052 ± 0,018 (2)	3,36 ± 0,52 (3)
60	0,010 ± 0,010 (3)	0,110 ± 0,030 (5)	<0,005 (3)	0,069 ± 0,015 (4)	0,059 ± 0,021 (4)	0,297 ± 0,076 (5)	0,051 ± 0,023 (4)	3,57 ± 0,59 (7)

suchten Zeitspanne. Das G-6-p erfährt nur eine minimale Vermehrung, wobei aber nach Durchtrennung der Aorta eine anfängliche Abnahme auf 0,047 μMol/g beobachtet wurde. Diese Menge beträgt nur 50% des im aeroben Herzmuskel vorliegenden Gehaltes. Der rasche Schwund an G-6-p könnte mit dem Ausbleiben der Phosphorylaseaktivierung nach Einsetzen von Anoxie in Zusammenhang stehen oder als Indiz einer gesteigerten Phosphofruktokinaseaktivität gewertet werden. Eine Aktivierung der Phosphofruktokinase bei Sauerstoffmangel ist schon verschiedentlich beschrieben worden [25]. In der ersten Minute nach Kreislaufunterbrechung stauten sich 1,3 μMol Laktat/g Herzmuskel an. Der rascheste Anstieg des Laktats wurde zwischen der 20. und 40. sec beobachtet und betrug 1,6 μMol/min · g. Der Anstau des Gl-1-p betrug für die ersten 60 sec 0,25 μMol/g. Die höchste Anstaurate wurde ebenfalls zwischen der 20. und 40. sec beobachtet und errechnet sich zu 0,7 μMol/min · g.

Die Veränderungen der Redoxpaare Laktat/Pyruvat und Gl-1-p/DOAP für das ischämische Meerschweinchenmyokard sind in Abbildung 1 dargestellt.

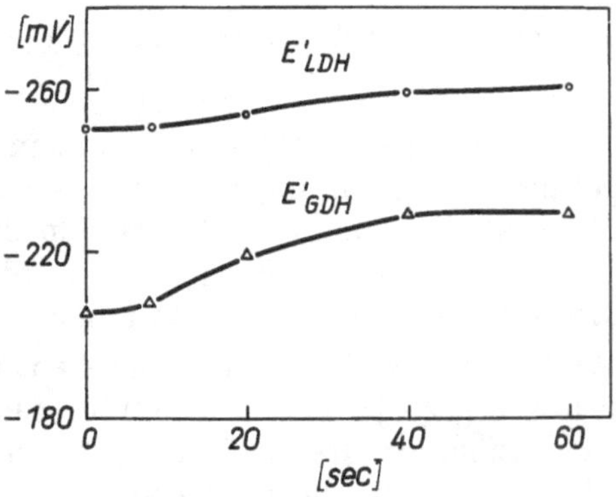

Abb. 1. „Istpotentiale" der Redoxsysteme Laktat/Pyruvat und Gl-1-p/DOAP im aeroben und ischämischen Herzmuskel des Meerschweinchens.
Die Berechnung erfolgte entsprechend den Angaben von Bücher und Klingenberg [3] für *p*H 7

Die eingetragenen Werte sind ohne Korrektur des Blutanteils mit Hilfe der Angaben in Tabelle 3 errechnet. Die von früheren Versuchen am Hundeherzen bekannte Negativierung der „Istpotentiale" dieser Redoxsysteme nach Unterbrechung der Blutzirkulation [15], [17], [24] setzt hier mit einer Verzögerung von ca. 10 sec ein. Die Differenz zwischen den Istpotentialen der beiden Systeme verringert sich während der ersten Minute von 54 auf 30 mV.

Veränderungen des Gehalts an Adeninnukleotiden, Orthophosphat und Phosphokreatin

Die Adeninnukleotide und das Orthophosphat besitzen entscheidenden Einfluß auf die Aktivität der Phosphorylase ([26] u. a.) und Phosphofruktokinase [21]. In Tabelle 4 ist der Gehalt des aerob durchbluteten und des ischämischen Herzmuskels an diesen Verbindungen und an Phosphokreatin aufgeführt. Das Phosphokreatin wurde vorwiegend als säure-molybdat-

Tabelle 4

Veränderungen des Gehalts an ATP, ADP, AMP, Phosphokreatin und Orthophosphat im akut ischämischen Meerschweinchenmyokard.

Mittelwerte ± Standardabweichungen in μMol/g Frischgewicht; Zahl der Versuche in Klammern

Zeit [sec] nach Unterbrechung der Blutzufuhr	ATP	ADP	AMP	Orthophosphat	Phosphokreatin
0	4,16+0,15 (6)	0,68 ± 0,06 (6)	0,15 ± 0,03 (6)	2,00 ± 0,17 (6)	7,86 ± 0,43 (6)
4	4,04 ± 0,30 (2)	0,78 ± 0,10 (2)	—	1,69 ± 0,27 (7)	8,72 ± 0,87 (7)
11	4,08 ± 0,10 (2)	0,84 (1)	—	1,79 ± 0,11 (3)	8,78 ± 0,64 (3)
26	3,95 + 0,36 (3)	0,80 ± 0,10 (3)	0,15 ± 0,03 (3)	3,53 ± 0,45 (10)	6,84 ± 0,55 (10)
60	3,99 ± 0,14 (7)	0,88 ± 0,13 (4)	0,16 ± 0,10 (4)	6,05 ± 0,45 (4)	5,68 ± 0,31 (4)

labiles Phosphat [32] erfaßt; die in einigen Versuchen zusätzlich durchgeführte Bestimmung mittels des enzymatischen Tests führte zu gleichen Resultaten.[1] Die „0-sec" Werte in dieser Tabelle stimmen mit denen von anderen Autoren (siehe [13], [14]) unter ähnlichen Bedingungen an aeroben Meerschweinchenherzen erhaltenen Ergebnisse gut überein.

Weiterhin besteht insoweit Übereinstimmung mit den Ergebnissen dieser Autoren [12], [14] als etwa 60 sec nach Unterbrechung der Blutzirkulation eine Abnahme des ATP und Phosphokreatins und eine Vermehrung von ADP und Orthophosphat beobachtet wurde (Tab. 4). Infolge der besseren zeitlichen Auflösung der unmittelbar nach Kreislaufstillstand einsetzenden Vorgänge wurden aber die besonders rasch einsetzenden Veränderungen für Phosphokreatin und Orthophosphat in den vorliegenden Versuchen exakter erfaßt. Wie aus Tabelle 4 hervorgeht, erhöhte sich das Phosphokreatin im Zeitraum von 0—10 sec nach Aortentranssektion von 7,8 auf 8,7 μMol/g, und erst nach 25 sec war eine deutliche Verminderung eingetreten. Das Orthophosphat zeigte in diesem Zeitraum eine gegenläufige Veränderung. Es fiel anfangs von 2,0 μMol/g (0 sec) auf 1,7 μMol/g und überschritt erst zwischen der 15. bis 20. sec den aeroben Wert von 2 μMol/g (s. Abb. 2). Nach 60 sec war der Orthophosphatgehalt auf 6,0 μMol/g angestiegen.

Unter Berücksichtigung des Anteils des intrazellulären Wassers im Myokard [31] ergibt sich somit zwischen der 15. und 60. sec nach Unterbrechung der Sauerstoffversorgung für das Orthophosphat eine Verschiebung von etwa

[1] Der früher ermittelte hohe Gehalt des Meerschweinchenmyokards an Phosphokreatin (11 μMol/g [36]) wurde an den jetzt zur Verfügung stehenden Tieren nicht gefunden.

2 μMol/ml intrazelluläres Wasser auf einen Wert, der zwischen 6 und 12 μMol/ml anzusetzen ist. Die Kompartimentierung des zellulären Orthophosphats im Herzmuskel [16] ist hierbei außer achtgelassen.

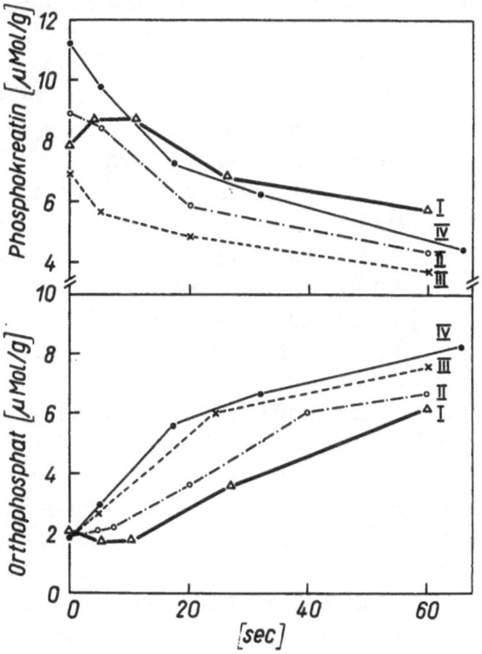

Abb. 2. Veränderungen des Phosphokreatin- und Orthophosphatgehalts des Myokards des Meerschweinchens, der Ratte, des Kaninchens und des Hundes nach Durchtrennung der Aorta ascendens.

Die in die Abbildung eingetragenen Werte repräsentieren Mittelwerte von 3 oder mehr Einzelanalysen. Die Ratten wurden wie die Meerschweinchen mit Diallylbarbitursäure-Urethan, die Kaninchen und die Hunde mit Pentobarbital (Nembutal, 35 mg/kg) narkotisiert. Die Aufarbeitung und Bestimmungen erfolgten mit den angegebenen Methoden (s. S. 596). I = Meerschweinchen (siehe auch Tab. 3); II = Ratte; III = Kaninchen; IV = Hund. Die Werte für IV sind einer früheren Mitteilung [17] entnommen)

Die in der Anfangsphase der Ischämie des Meerschweinchenmyokards eintretende Erniedrigung des Orthophosphats und die Erhöhung des Phosphokreatins stellen dem t-Test [6] zufolge ($p < 0{,}01$ bzw. $p < 0{,}05$) signifikante Veränderungen dar. In dieser Hinsicht unterscheidet sich, wie die vergleichende Darstellung in Abbildung 2 zeigt, die Reaktion des Meerschweinchenmyokards auf Unterbrechung der Blut- und Sauerstoffzufuhr qualitativ vom Verhalten des Myokards der Ratte [35], des Kaninchens [35] und des Hundes [17].

Diskussion

Im aerob durchbluteten Herzmuskel des narkotisierten Meerschweinchens wurde etwa ein Drittel der Phosphorylase in der *a*-Form vorgefunden. Dieser Anteil der Phosphorylase *a* an der Gesamtphosphorylaseaktivität liegt wesentlich über den von PARMEGGIANI und MORGAN [26] und von uns [17] für das Myokard anderer Spezies gefundenen Werten und wurde auch nach Anwendung der Extraktionsprozedur von DANFORTH und Mitarbeitern [5] unverändert vorgefunden. Die Ursache des hohen aeroben Phosphorylase *a*-Anteils im Meerschweinchenmyokard ist bisher nicht bekannt. Da Vorbehandlung der Tiere mit Pronethalol, einem Blocker der adrenergen β-Rezeptoren, der die durch i.v. injiziertes Adrenalin und durch Reizung des Herzsympathikus auslösbare Aktivierung der Herzphosphorylase unterdrückt [17], den Gehalt an Phosphorylase *a* nicht verändert, ist es unwahrscheinlich, daß ein hoher Herzsympathikustonus für den hohen Phosphorylase *a*-Gehalt verantwortlich ist. In der ersten Minute nach Unterbrechung der Blutversorgung verändert sich das Phosphorylase $a \rightleftharpoons b$-Gleichgewicht im Meerschweinchenherzen nicht. Die aus Untersuchungen am Myokard des Hundes ([15], [17], [34] u. a.) des Kaninchens [18], der Ratte [4], [26], der Maus [22] und der Schildkröte [27] her bekannte, rasch einsetzende Umwandlung von Phosphorylase *b* in *a* bei Anoxie und Ischämie blieb aus. Phosphorylase *b*-Kinase, das Ferment, das die Umwandlung der Phosphorylase *b* in die *a*-Form katalysiert [19], konnte im Meerschweinchenherzen nachgewiesen werden; jedoch konnte eine Aktivierung dieses Fermentes, wie sie im Herzmuskel des Hundes nach Einsetzen der Ischämie beobachtet wurde [17], nicht festgestellt werden [35]. Wie Versuche am Hundemyokard gezeigt haben, beruht die im ischämischen Myokard ausgelöste Phosphorylaseaktivierung zum Teil auf adrenergen Mechanismen [17], s. a. [30]. Am isolierten Herzen des Kaninchens und der Ratte konnte eine Freisetzung von Noradrenalin als unmittelbare und direkte Folge myokardialer Anoxie nachgewiesen werden [38], jedoch nicht am isolierten Herzen des Meerschweinchens [39]. Der letztere Befund mag teilweise das Ausbleiben der anaeroben Aktivierung der Phosphorylase *b*-Kinase und Phosphorylase im Meerschweinchenherzen erklären.

Nach Unterbrechung der myokardialen Sauerstoffzufuhr setzt die Glykolyse im Meerschweinchenherzen verzögert ein und ist in der ersten Minute gering. Die aus der Summe von angestauten G-6-p, FDP, Gl-1-p und Laktat abgeschätzte Glykolyserate beträgt für diese Zeit 0,8 μMol Hexose/min · g. Die höchste Glykolyserate (1,2 μMol/g · min) wurde für die Zeit zwischen der 20. und 40. sec errechnet. Dieser Umsatz liegt unter der glykolytischen Kapazität des Meerschweinchenmyokards, die MÜLLER [23] mit 3 μMol Laktat pro min · g angibt. Wie die Bestimmungen des Gehalts an energiereichen Phosphorsäureverbindungen und an Orthophosphat vermuten lassen (s. Tab. 4) und wie weiter unten noch dargelegt wird, scheint das Meerschweinchenmyokard unmittelbar nach Unterbrechung der Blutzufuhr nur langsam ein Energiedefizit einzugehen. Hieraus könnte sich die niedrige Glykolyserate erklären, da nach REGEN und Mitarbeitern [28] die Glykolyse direkt an den Energieverbrauch gekoppelt ist. Unter diesen Bedingungen sollten vor allem Orthophosphat und ADP als Phosphatakzeptoren die Glykolyse limitieren. Da sich letztere Verbindung im Vergleich zum Orthophosphat in der untersuchten Zeitspanne der Ischämie nur unwesentlich vermehrt, dürfte dem Orthophosphat die entscheidende Bedeutung bei der Regulierung der Glykolyse zukommen, zumal es neben seiner Rolle als Substrat der Phosphorylase und der Glyzerinaldehydphosphatdehydrogenase auch als Enthemmer der durch ATP gehemmten Phosphofruktokinase [21] Einfluß auf diesen Engpaß der Glykolyse und damit auf die Glykolyserate nehmen kann [17]. Die Phosphorylaseaktivierung, die im Herzmuskel des Hundes in der Anfangsphase der Ischämie ein wichtiger Faktor beim Ingangkommen der anaeroben Energiegewinnung ist [17], spielt somit im Meerschweinchenmyokard nur eine untergeordnete Rolle.

Im Meerschweinchenherzen kam es kurz nach Durchtrennung der Aorta zu einer signifikanten Erhöhung des Phosphokreatins. Der jeweilige Gehalt an energiereichen Phosphorsäureverbindungen im Gewebe ist Ausdruck für das zum betreffenden Zeitpunkt bestehende Gleichgewicht zwischen ihrer Synthese und ihrem Abbau. Dieses Gleichgewicht wird in der vorliegenden Versuchsanordnung einmal durch das Aufhören der mechanischen Arbeit des leerschlagenden Herzens und zum anderen durch das Aussetzen des aeroben Stoffwechsels beeinflußt. Die im Meerschweinchenmyokard beobachtete biphasische Veränderung des Gehalts an Phosphokreatin und Orthophosphat könnte Ausdruck der Wechselwirkung dieser Faktoren sein. Ein Ansteigen des Phosphokreatins im Herzen bei Verringerung der Herzarbeit ist aus den Untersuchungen von Wollenberger [33] und Hochrein und Mitarbeitern [9] bekannt. Über eine rasche Verminderung des Phosphokreatin-Spiegels im arbeitenden Meerschweinchenherzen bei Asphyxie hat Fleckenstein [7] berichtet. Im Herzmuskel der Ratte, des Kaninchens und insbesondere des Hundes wird scheinbar der Effekt der Aufhebung der Kontraktionsarbeit durch die unmittelbar einsetzende Reduzierung der Syntheseleistung überdeckt. Die verzögerte Herausbildung des Energiedefizits im Meerschweinchenmyokard könnte mit einer länger erhaltenen Funktion der Atmungskettenphosphorylierung zusammenhängen (s. a. Abb. 2). Weitere Untersuchungen zur Klärung der Besonderheiten des Verhaltens des Meerschweinchenmyokards bei Ischämie sind in unserem Laboratorium im Gange.

Im Zusammenhang mit den hier beschriebenen Speziesunterschieden in der metabolischen Reaktion des Herzens auf Unterbrechung seiner Blut- und Sauerstoffzufuhr ist es von Interesse, daß auch in Untersuchungen der myokardialen Funktion und Morphologie ([20], [29], u. a.) eine besondere Resistenz des Meerschweinchenmyokards gegen Sauerstoffmangel festgestellt worden ist.

Literatur

[1] Black, J. W. u. I. S. Stephenson: Lancet **1962**/II, 311.

[2] Brown, D. H. u. C. F. Cori: In: The Enzymes. (Hrsg.: P. D. Boyer, H. L. Lardy u. K. Myrbäck), **5**, S. 207. New York: Academic Press. 1961.

[3] Bücker, T. u. M. Klingenberg: Angew. Chem. **70**, 525 (1958).

[4] CORNBLATH, M., P. C. RANDLE, A. PARMEGGIANI u. H. F. MORGAN: J. biol. Chemistry **238**, 1592 (1963).
[5] DANFORTH, W. H., E. HELMREICH u. C. F. CORI: Proc. nat. Acad. Sci. USA **48**, 1191 (1962).
[6] FISHER, R. A. u. F. YATES: Statistical Tables for Biol., Acricult,. and Med. Research, 4. Ed. Edinburgh: Oliver u. Boyd 1953.
[7] FLECKENSTEIN, A.: Herzinsuffizienz, Hämodynamik und Stoffwechsel. Hrsg.: E. WOLLHEIM, K. W. SCHNEIDER, S. 221, Stuttgart, Georg Thieme Verlag 1964.
[8] HAUGAARD, N., M. HESS, J. SHANFELD, G. INESI u. W. R. KUKOVETZ: J. Pharmacol. exp. Therapeut. **131**, 137 (1961).
[9] HOCHREIN, H., H. J. DÖRING, J. WELTEKEN u. E. LÖNNE: Pflügers Arch. ges. Physiol. Menschen Tiere **271**, 548 (1960).
[10] HOHORST, H. J., F. H. KREUTZ u. T. BÜCHER: Biochem. Z. **332**, 18 (1959).
[11] ILLINGWORTH, R. B. u. G. T. CORI: Biochem. Preparation **3**, 1 (1953).
[12] ISSELHARD, W.: Pflügers Arch. ges. Physiol. Menschen Tiere **271**, 347 (1960).
[13] ISSELHARD, W. u. H. MERGUET: Pflügers Arch. ges. Physiol. Menschen Tiere **276**, 211 (1962).
[14] KAMMERMEIER, H.: Verh. dtsch. Ges. Kreislaufforsch. 30. Tagung, S. 206 (1964).
[15] KLARWEIN, M., W. LAMPRECHT u. E. LOHMANN: Hoppe-Seyler's Z. physiol. Chem. **328**, 41 (1962).
[16] KRAUSE, E.-G. u. A. WOLLENBERGER: Biochem. Z. **339**, 315 (1964).
[17] KRAUSE, E.-G. u. A. WOLLENBERGER: Biochem. Z. **342**, 171 (1965).
[18] KRAUSE, E.-G. u. A. WOLLENBERGER: (unveröffentlicht).
[19] KREBS, E. G. u. E. H. FISCHER: Advances in Enzymol. **24**, 263 (1962).
[20] KÜHN, H. A.: Arch. Kreislaufforsch. **13**, 120 (1944).
[21] LOWRY, O. H. u. J. V. PASSONEAU: Sixth Intern. Congr. Biochemistry, New York Abstracts **IX**-S 18, 705 (1964).
[22] LYON, J. B., JR. u. J. PORTER: J. biol. Chemistry **238**, 1 (1963).
[23] MÜLLER, E. R.: Pflügers Arch. ges. Physiol. Menschen Tiere **276**, 42 (1962).
[24] NÄGLE, S., T. HOCKERTS u. G. BÖGELMANN: Klin. Wschr. **41**, 1020 (1963).
[25] NEWSHOLME, E. A. u. P. J. RANDLE: Biochem. J. **80**, 655 (1961).
[26] PARMEGGIANI, A. u. H. E. MORGAN: Biochem. biophysic. Res. Commun. **9**, 252 (1962).
[27] REEVES, R. B.: Amer. J. Physiol. **206**, 398 (1964).
[28] REGEN, D. M., D. A. B. YOUNG, W. W. DAVIS, J. JACK, JR. u. C. R. PARK: J. biol. Chemistry **239**, 381 (1964).
[29] SCHIRRMEISTER, S.: Arch. Kreislaufforsch. **5**, 264 (1939).
[30] SUTHERLAND, E. W. u. T. W. RALL: Pharmacol. Rev. **12**, 265 (1960).
[31] WAHLER, B. E.: Hoppe Seyler's Z. physiol. Chem. **396**, 84 (1958).
[32] WAHLER, B. E. u. A. WOLLENBERGER: Biochem. Z. **329**, 508 (1958).
[33] WOLLENBERGER, A.: Circulation Res. **5**, 175 (1957).
[34] WOLLENBERGER, A. u. E.-G. KRAUSE: Biochim. biophysica Acta [Amsterdam] **67**, 337 (1963).
[35] WOLLENBERGER, A. u. E.-G. KRAUSE: III. FEBS Meeting, Warschau, Abstracts, S. 324 (1966).
[36] WOLLENBERGER, A., E.-G. KRAUSE u. B. E. WAHLER: Pflügers Arch. ges. Physiol. Menschen Tiere **270**, 413 (1960).
[37] WOLLENBERGER, A., O. RISTAU u. G. SCHOFFA: Pflügers Arch. ges. Physiol. Menschen Tiere **270**, 399 (1960).
[38] WOLLENBERGER, A. u. L. SHAHAB: Nature [London] **207**, 88 (1965).
[39] WOLLENBERGER, A. u. L. SHAHAB: (unveröffentlicht).

Summary

E.-G. Krause and A. Wollenberger: Phosphorylase activity, glycolytic rate and phosphocreatine and orthophosphate levels in the myocardium of the guinea pig following circulatory arrest

More than 30 percent of the glycogen phosphorylase in the aerobic myocardium of the guinea pig is present in the ,,a" form. During the first minute of circulatory arrest no transformation of phosphorylase ,,b" to ,,a" occurred. Glycolysis started with a delay and proceeds slowly during this time. The myocardial adenine nucleotide level hardly changed during the first minute of circulatory arrest. After an initial rise of phosphocreatine and a simultaneous decrease of orthophosphate there elapsed 20 seconds after the start of ischemia until phosphocreatine decreased and orthophosphate increased, which is contrary to what has been observed in other animals. It has be assumed that the low initial glycolytic rate is related to a delay in the occurrence of an energic deficiency in the ischemic guinea pig myocardium. Orthophosphate, which increased several fold during the first minute, is attributed a significant role in the control of anaerobic energy production in guinea pig myocardium.

Резюме

Е.-Г. Краузе и А. Волленбергер: Об активности фосфорилазы, скорости гликолиза и уровне фосфокреатина и ортофосфата в миокарде морской свинки при остановке кровообращения

В аэробной сердечной мышце морской свинки более 30 процентов гликогенной фосфорилазы имеется в форме ,,а". В первую минуту после прекращения кровообращения, превращение фосфорилазы ,,а" в фосфорилазу ,,б" не наблюдается и гликолиз в это время начинает с опозданием и медленно. В первую минуту после остановки кровообращения содержание в сердечной мышце адениннуклеотидов едва ли изменяется. После начального повышения фосфокреатина и одновременного уменьшения ортофосфата, лишь через 20 секунд после начала ишемии начинается снижение фосфокреатина и повышение ортофосфата, наблюдаемые у других видов животных непосредственно после ишемии. Можно предполагать, что начальная низкая скорость гликолиза обусловлена опозданием в возникновении дефицита энергии в ишемическом миокарде морской свинки. Ортофосфату, многократно увеличивающемуся в первую минуту после остановки кровообращения, приписывается решающее значение при регулировке анаэрооного производства энергии в миокарде морской свинки.

Acta biol. med. german., Band 16, Seite 606–616 (1966)

Travail effectué dans l'Institut d'Endocrinologie „Prof. C. I. PARHON" (Directeur: S. M. MILCOU) Bucarest, Roumanie

Action de certains extraits isolés du thymus sur la proliferation des cellules cultivées „in vitro"

S. M. MILCOU, I. POTOP, R. HOLBAN, E. GHINEA, V. BOERU et G. MREANĂ

(Reçu le 31. 3. 1965)[1]

Resumé

Dans ce travail il a été étudié l'influence de certains extraits isolés du thymus sur les cultures de cellules obtenues par la méthode de la trypsinisation.

Les résultats ont montré qu'un extrait de nature protidique de thymus a exercé une action inhibitrice sur le développement des cultures. Parallélement, en utilisant des extrait de contrôle, préparés des ganglions lymphatiques et du muscle — par la même méthode — on observe des effets faibles et inconstants. L'effet des extraits thymiques a été apprécié par le nombre de cellules, par la détermination du taux des protéines et par l'examen morphologique. La sensibilité des cultures semble être différente, suivant leur origine et leur ordre d'accroissement: tumeur mammaire maintenue par greffe chez les souris, thyroïde humaine, cancer thyroïdien chez l'homme, ligne K. B.

Au point de vue morphologique, à de grandes concentrations, on observe des lésions dégénératives et de la nécrose. En utilisant un extrait de nature lipoprotéique, on constate un effet stimulateur sur le développement des cultures.

Une des directions de recherches modernes dans la thérapeutique des tumeurs malignes est l'étude des facteurs hormonaux, capables d'inhiber la prolifération cellulaire.

Dans cet ordre d'idées, certains travaux sont acés sur l'hypothèse de la stimulation et de l'inhibition spécifique, de la prolifération du tissu mammaire, comme — par exemple — la stimulation par les oestrogènes et l'inhibition par les androgènes. D'autres travaux accordent une grande importance aux facteurs capables d'exercer des actions de stimulation ou d'inhibition sur la cellule animale, nonobstant sa différenciation dans le cadre de certains tissues et organes. Ainsi a—t-on signalé l'action favorisante de l'hormone somatotrope hypophysaire sur le développement normal. L'hypophysectomie a été utilisée comme traitement chirurgical non spécifique dans une grande variété de tumeurs malignes humaines [3].

MILCOU [4] a montré les perspectives de l'opothérapie et de la thérapie hormonale dans le cancer. Le thymus — dont de rôle dans le développement et dans la protection de l'organisme a été admis depuis quelques dizaines d'années — a attiré l'attention comme organe qui pourrait intervenir dans l'oncogénèse. Des résultats positifs, de ce point de vue, ont été obtenus par les extraits thymiques. Sont à signaler ceux obtenus par PARHON et ses collaborateurs [6]. Ces dernières années, le problème de l'interven-

[1] Après revision le 28. 12. 1965

tion des ergones thymiques dans le contrôle de la prolifération cellulaire a été étudié par nombre d'auteurs, parmi lesquels il faut mentionner Szent-Györgyi, qui a isolé une fraction stimulatrice et une autre inhibitrice du développement tumoral.
D'autre part, les recherches effectuées par certains d'entre nous, ont mené à la séparation et au fractionnement des extraits de nature protidique et notamment de ceux de nature lipidique du thymus. On a obtenu des actions particulières différentes pour chaque fraction [8], [10].
L'effet du thymus sur la prolifération peut être étudié tant in vivo qu'in vitro.
L'utilisation des cultures de tissus et de cellules pour tester les différentes substances antiblastiques est actuellement pratiquée sur une large échelle. Les méthodes in vitro sont plus rapides et dans l'interprétation des résultats on ne doit tenir compte que d'un nombre réduit de facteurs qui peuvent être contrôlés. La mise en évidence d'une action antiblastique in vitro constitue une importante indication pour l'organisation de certaines expériences in vivo, qui peuvent montrer dans quelle mesure les résultats peuvent être extrapolés chez l'animal intacte.

Le but de la présente recherche est de suivre l'action exercée par certains extraits thymiques sur la prolifération des cellules tumorales ou non tumorales cultivées in vitro.

Matériel et méthode

Les cultures utilisées pour tester l'efficacité des extraits, ont été les suivantes:

1. Une ligne stabilisée K. B. provenant du carcinome de l'épithéliome buccal.
2. Tissu tumoral mammaire, maintenu chez les souris par des greffes répétées.
3. Tissu de cancer thyroïdien de l'homme.
4. Tissu de goître thyroïdien de l'homme.

Les cultures ont été obtenues par la méthode de la trypsinisation. Les cellules ont été suspendues dans le milieu Hanks, contenant l'hydrolisate de lactalbumine supplémentée par le milieu N 16 2,5% et du sérum de veau dans des quantités variables, allant de 2,5—15%. Le matériel a été réparti dans des tubes avec ou sans lamelles, qui ont été maintenus à 37 °C dans le roller. Dans chaque expérience, le taux des cellules contenues dans le tube a été le même. Après obtention d'une culture en plage, différentes dilutions ont été ajoutées dans la série des tubes.
L'appréciation des effets a été réalisée par la détermination des taux des protéines (selon la méthode Lowry) par le compte des cellules et par l'examen microscopique des cultures, après la coloration de Giemsa, au blanc de Nil (dans la lumière ordinaire) et à l'acridine orange (dans la lumière U. V.). On a utilisé les extraits suivants:

1. Extrait de nature protidique de thymus (TP), en concentration de $10^{-3}-10^{-1}$ ml/ml milieu de culture. Dans certaines expérience nous avons utilisé aussi des concentrations intermédiaires.
2. Extraits de nature protidique, obtenu des ganglions lymphatiques en concentration de $10^{-3}-10^{-1}$ ml/ml de milieu (extrait de contrôle).
3. Extrait de nature protidique, isolé du muscle squelettique, en concentration de $10^{-3}-10^{-1}$ ml/ml de milieu.
4. Extrait de nature lipoprotéique de thymus, en concentration $10^{-2}-10^{-1}$ ml/ml milieu.
5. Extrait de nature lipoprotéique préparé du muscle, en concentration de $10^{-2}-10^{-1}$ ml/ml (extrait de contrôle).

Nous avons utilisé pour chaque expérience 12—20 tubes pour chaque concentration d'extrait.

La préparation et la caractérisation des extraits de nature protidique et d'un extrait lipidique (B), utilisés, ont été effectués d'après des méthodes que nous avons employées aussi dans les travaux antérieurs [8], [10].

Tableau 1

Résultats quantitatifs

Expérience no.	Culture utilisée	Extrait	Test utilisé	Concentration	
				Témoin	10^{-4}
1 A	KB	Thymus protéique	Dosages protéines[1,2]		12,6 ± 0,50
B		Thymus protéique	Dosages protéines	15,9 ± 0,02	13,4 ± 0,03
	KB	Thymus protéique	Dosages protéines		
2		ganglions	Dosages protéines	13,7 ± 0,02	
		muscle	Dosages protéines		
A	KB	Thymus protéique	Dosages protéines	11,3 ± 1,01	
3		ganglions	Dosages protéines		
A′		Thymus protéique	Dosages protéines	8,6 ± 0,80	
		ganglions	Dosages protéines		
A	KB	Thymus protéique	Dosages protéines	16,8 ± 0,22	
		muscle	Dosages protéines		
		Thymus protéique	Comptes cellules[1,3]		
4		muscle	Comptes cellules	192,3 ± 5,0	
A′		Thymus protéique	Dosages protéines	21,2 ± 0,64	
		muscle	Dosages protéines		
		Thymus protéique	Comptes cellules	235,0 ± 6,5	
		muscle	Comptes cellules		
A	Cancer thyroïdien humain	Thymus protéique	Dosages protéines	10,8 ± 0,19	
		muscle	Dosages protéines		
		Thymus protéique	Comptes cellules	144,6 ± 7,5	
5		muscle	Comptes cellules		
A′		Thymus protéique	Dosages protéines	9,8 ± 0,20	
		muscles	Dosages protéines		
		Thymus protéique	Comptes cellules	96,0 ± 5,12	
		muscle	Comptes cellules		
	Tumeur mammaire	Thymus protéique	Dosages protéines	11,2 ± 0,21	
6		muscle	Dosages protéines		
		Thymus protéique	Comptes cellules	102,0 ± 1,2	
		muscle	Comptes cellules		
A	Thyroide humaine	Thymus protéique	Dosages protéines	19,6 ± 0,28	
		muscle	Dosages protéines		
7		Thymus protéique	Comptes cellules	201,0 ± 4,6	
A′		muscle	Comptes cellules		
A′		Thymus protéique	Dosages protéines	20,2 ± 0,35	
		muscle	Dosages protéines		
		Thymus protéique	Comptes cellules	186,2 ± 5,3	
		muscle	Comptes cellules		
A	thyroide humaine	Thymus lipoprot.	Dosages protéines	11,1 ± 0,25	
		muscle lipoprot.	Dosages protéines		
8		Thymus lipoprot.	Dosages protéines	13,2 ± 0,21	
		muscle	Dosages protéines		
		Thymus lipoprot.	Comptes cellules	170,6 ± 8,3	
		muscle	Comptes cellules		
	Thyroide humaine	Thymus lipidique B	Dosages protéines		
9		Thymus lipidique B_1	Dosages protéines	13,6 ± 0,55	
		muscle lipidique	Dosages protéines		

[1] Moyennes par lot ± E. S.
[2] La quantité de protéines (x) en mg on l'obtient des valeurs (y) selon la formule $x = \frac{y - 2}{114,3}$.
[3] Nombre de cellules en moyenne par tube x 10^3.

Tableau 1

des expériences

utilisées

10^{-3}	10^{-2}	10^{-1}	$1,5 \cdot 10^{-1}$	Observations après
9,5 ± 0,90	10,2 ± 0,20*	5,2 ± 0,01*		3 jours
11,9 ± 0,04	11,6 ± 0,05*	9,2 ± 0,03*		3 jours
16,3 ± 0,50	15,7 ± 0,01	5,3 ± 0,03		
14,8 ± 1,20	15,6 ± 1,10	13,6 ± 0,80		2 jours
15,6 ± 0,80	17,2 ± 0,50	16,7 ± 2,50		
11,1 ± 0,22	12,6 ± 1,11	7,8 ± 0,40*		4 jours
11,6 ± 1,01	10,2 ± 0,57	8,9 ± 1,30		
8,9 ± 0,70	7,1 ± 0,06	6,7 ± 0,40*		6 jours
8,0 ± 0,62	7,3 ± 1,4	10,8 ± 0,50		
	14,5 ± 0,15*	11,3 ± 0,18*	10,8 ± 0,24*	3 jours
			1,4 ± 0,33*	
	152,6 ± 10,2*	80,7 ± 7,9*	60,3 ± 6,1*	
			104,3 ± 4,7*	
	19,5 ± 0,49*	13,0 ± 0,58*	10,4 ± 0,39*	7 jours
			15,7 ± 0,63*	
	173,0 ± 6,5*	73,0 ± 2,6*	51,7 ± 7,9*	
			92,0 ± 2,0*	
	11,4 ± 0,59	12,0 ± 0,28	13,4 ± 0,05	3 jours
	14,2 ± 0,43	12,6 ± 0,34	10,7 ± 0,32	
	155,3 ± 0,9*	76,0 ± 6,5*	67,0 ± 6,4*	
	136,6 ± 2,2	120,6 ± 10,1	113,0 ± 7,6*	
	11,2 ± 0,19	8,9 ± 0,26*	8,5 ± 0,16*	6 jours
	9,4 ± 0,35	9,1 ± 0,49	10,9 ± 0,24	
	50,3 ± 1,2*	34,0 ± 6,0*	24,7 ± 2,7*	
	106,0 ± 3,9	87,0 ± 3,0	80,0 ± 10	
	10,8 ± 0,07	10,0 ± 0,30	9,6 ± 0,38*	6 jours
	11,9 ± 0,23	12,6 ± 0,20	11,6 ± 0,23	
	106,7 ± 1,9	102,2 ± 2,8	85,5 ± 1,9*	
	101,2 ± 2,2	110,2 ± 1,6	103,5 ± 1,6	
	15,4 ± 0,16*	14,6 ± 0,11*	13,2 ± 0,50*	2 jours
	19,1 ± 0,09	19,6 ± 0,10	19,8 ± 0,23	
	209,0 ± 11,1°	170,0 ± 8,9*	158,0 ± 8,9*	
	217,0 ± 14,4	195,3 ± 8,9	203,0 ± 10,4	
	16,4 ± 0,26*	13,4 ± 0,33*	11,8 ± 0,21*	6 jours
	18,4 ± 0,65	20,1 ± 7,7	22,0 ± 0,36	
	161,0 ± 6,8*	94,8 ± 5,4*	77,6 ± 3,8*	
	206,2 ± 10,2	181,0 ± 16,2	176,2 ± 7,4	
	12,9 ± 0,50	13,1 ± 0,42	12,7 ± 0,19	3 jours
	12,0 ± 0,12	12,9 ± 0,22	13,0 ± 0,38	
	13,9 ± 0,46	13,9 ± 0,29	13,3 ± 0,10	6 jours
	15,4 ± 0,22**	15,8 ± 0,36**	15,0 ± 0,34**	
	195,0 ± 6,8**	213,4 ± 6,1**	210,0 ± 8,0**	
	196,2 ± 5,5**	184,4 ± 6,9**	196,2 ± 6,4**	
		8,1 ± 0,65*	6,7 ± 0,37*	jours
		13,2 ± 0,45	11,2 ± 0,81*	
		11,2 ± 0,49	8,1 ± 0,45*	

* Inhibition significative du point de vue statistique à une $p < 0,05$.
** Stimulation significative du point de vue statistique à une $p < 0,05$.

L'extrait TP a été préparé du thymus frais de veau, récolté sous glace, et broyé après épuisement des lipides par l'acétone et l'éther ethylique. Le résidu a été traité par 0,1 N NaOH pendant 24 heures et le surnageant dilué et chauffé à 70 °C. Il se produit un précipité qui — par centrifugation est éloigné. Au filtrat clair, on ajoute 0,1 N NaOH jusqu'au *p*H 10. Après une nouvelle filtration, le filtrat est ajouté au *p*H 7 par 0,1 N HCl.

Les analyses chimique, chromatographique et l'électrophorèse par l'appareil de TISELIUS ont montré que l'extrait TP contient 114 mg N pour 100 ml extrait, un nombre de 12 acides aminés libres et une seule fraction de nature polypéptidique.

L'extrait B a été séparé dans l'extrait étherique qui a entraîné une partie des lipides, d'après une méthode indiquée par THOMAS pour la séparation des lipides dans le cerveau, méthode modifiée par nous. Le résidu étherique contient diverses fractions lipidiques: stérols, phosphatides, cérébrosides, sphyngomyélines.

En précipitant par l'acétone, on sépare les fractions constituées par les phosphatides, les cérébrosides et les sphyngomyélines.

Dans le filtrat éthero-acétonique — qui est décanté dans un grand volume d'eau acidulée par le HCl — on sépare la fraction B qui est reprise par l'alcool absolu.

L'analyse préliminaire de cette fraction a montré qu'elle est complexe. Par la chromatographie circulaire sur papier, après la coloration avec le noir de Sudan, Sudan II, acide osmique et rhodamine, nous avons mis en évidence la présence des stérols.

L'extrait B_1 est obtenu après la saponification de l'extrait B par KOH alcoolique à 5 pour 100. On ajoute du HCl concentré et on extrait les acides gras, élibérés en plusieurs reprises par l'éther de pétrole. On évapore par le vacuum l'éther de pétrole. L'analyse du résidu lipidique par le gas-chromatographie a montré la présence des acides gras saturés et non-saturés.

L'extrait LP a été obtenu en appliquant la méthode décrite par DUNCAN DALLAM [1] pour la séparation des lipoprotéines dans le rein. En principe, la méthode consiste dans la centrifugation à la vitesse de 10000 *g* du tissu récolté sous glace, après l'homogénéisation par le sérum physiologique; on prend le sédiment dont on élimine les acides nucléiques par une dilution de 0,1 M NaCl; on additionne du 0,814 g% NaCl et l'on ajoute du 1 N NaOH jusqu'au *p*H 11—12. Après centrifugation, on prend le surnageant qui contient la fraction LP. L'analyse chromatographique des acides aminés totaux a montré la présence de 16 acides aminés; l'analyse électrophorétique sur papier et par appareil de TISELIUS révèle la présence de 2 fractions. La coloration par le bleu de bromphénol et par le noir de Sudan, démontre la nature lipoprotéique de ce produit isolé du thymus [5].

Les extraits du muscle et des ganglions lymphatiques ont été préparés d'après les mêmes méthodes que celles utilisées pour les extraits thymiques.

Résultats

Les résultats quantitatifs des différentes expériences sont présentés dans le tableau No 1.

En étudiant les effets par rapport à la dose, nous trouvons 3 types de résultats: nous considérons comme résultats nets ceux dont l'effet augmente progressivement avec la dose; résultats où les effets ont été faibles, mais dans le même sens, dans toutes les concentrations utilisées; enfin, effet nul ou inverse par rapport à l'augmentation de la dose (effet „paradoxal").

Les tableaux Nos 2 et 3 résument les expériences effectuées avec l'extrait protéique de thymus, en comparaison avec l'extrait ganglionnaire et l'extrait de muscle.

Tableau 2

Tableau résumatif des résultats des expériences effectuées avec des extraits protéiques

		Effet nul ou paradoxal	Effet faible	Effet en proportion avec la dose	Rapport: résultats nets/expériences
Thymus protéique	Compte des cellues		1	6	7:7
Ganglions		—	—	—	—
Muscles		3	3	1	3:7
Thymus protéique	Dosages protéiques	1	—	11	11:12
Ganglions		1	1	1	2:3
Muscles		6	—	0	0:6

Tableau 3

Situation en pourcentage (sur nombre d'expériences) des résultats obtenus avec extraits protéiques

	Total résultats		Total résultats nettement progressifs	
	par nombre expér.	en pourcents	par nombre exp.	en pourcents
Thymus protéique	18/19	95%	17/19	90%
Ganglions	2/3	67%	1/3	33%
Muscles	3/13	23%	1/13	7,7%

Séparément, nous avons totalisé les résultats obtenus par le nombre des cellules et par la détermination des protéines. L'efficacité de l'extrait protéique du thymus résulte de l'examen du rapport entre les résultats positifs et le nombre total des expériences effectuées.

En totalisant les résultats positifs mis en évidence par la technique qui donne le nombre des cellules, avec ceux obtenus par le dosage des protéines, on constate que l'extrait protéique de thymus produit une inhibition de la prolifération dans 18 des 19 cas (95%). L'extrait ganglionnaire a montré une action d'inhibition dans 2 des 3 cas, fait qui représente un nombre insuffisant pour une évaluation statistique pourcentuelle. L'extrait de, muscle a donné des résultats positifs dans 3 des 13 cas (23%).

Si nous considérons seulement les résultats, où les effets ont augmenté progressivement avec la dose, la différence pourcentuelle entre les effets donnés par l'extrait thymique et ceux obtenus par l'extrait de muscle, ils sont encore plus nats (90% des cas par rapport à 7,7%). L'extrait de muscle n'a donné des résultats significatifs qu'aux très grandes concentrations ($1{,}5 \cdot 10^{-1}$), tandis que les effets inhibiteurs des extraits thymiques — dans certaines expériences — sont significatifs aux concentrations de 10^{-4}—10^{-3} et, dans la majorité des cas à celles de 10^{-2}. Dans les expériences où l'extrait thymique a produit une inhibition seulement en concentrations relativement grandes, l'extrait de muscle s'est avéré sans efficacité (expériences N° 5 A', 6, 7).

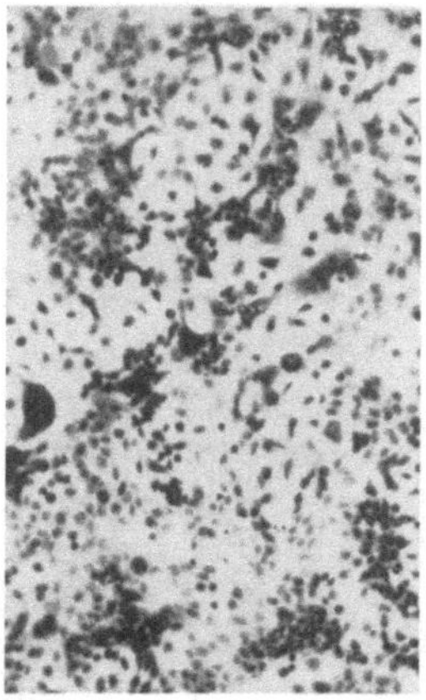

Fig. 1

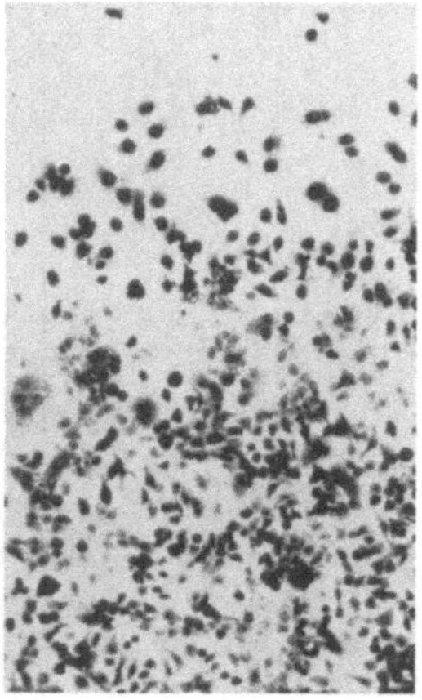

Fig. 2

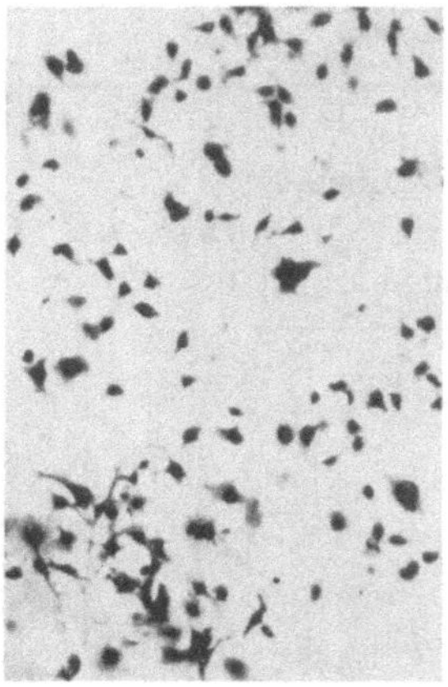

Fig. 3

Fig. 1—3. L'action exercée par l'extrait thymique sur la ligne K. B. 1. Témoin; 2. extrait thymique, concentration 10^{-2}; 3. extrait thymique, concentration 10^{-1}

L'examen morphologique des cellules a mis en évidence de simples effets d'inhibition prolifératifs, ou aux grandes concentrations d'extrait, des lésions dégénératives. La ligne K. B., qui — dans la culture — es caractérisée par un grand polymorphisme cellulaire et nucléaire, ainsi que par une fréquence de mitoses, a présenté des effets très nets. Dans les cultures traitées par de grandes concentrations d'extrait thymique, les monstruosités nucléaires sont très rares; nombreuses cellules sont hyperchromophiles et les noyaux ont la marge anguleuse ou ridée. La densité cellulaire sur lame est réduite et plusieurs cellules sont fusiformes ou étoilées. Dans les cultures de thyroïde humaine l'aspect trophique des cellules se maintient même à des concentrations plus grandes d'extrait thymique, l'effet étant plutôt quantitatif que qualitatif. Dans la culture de cancer thyroïdien, caractérisé par un accroissement folliculoforme ou arciforme, de grandes concentration d'extrait ont produit l'apparition d'images caractéristiques de nécrobiose.

Contrairement à l'extrait TP, les extraits lipoprotéiques utilisés dans une seule expérience, ont donné des résultats différents. Tant les extraits lipo-

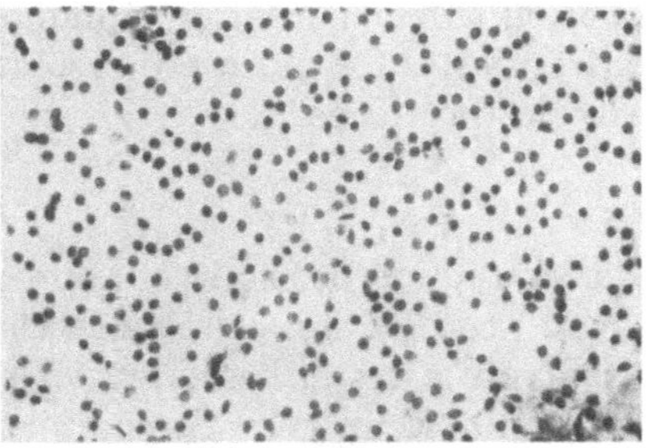

Fig. 4

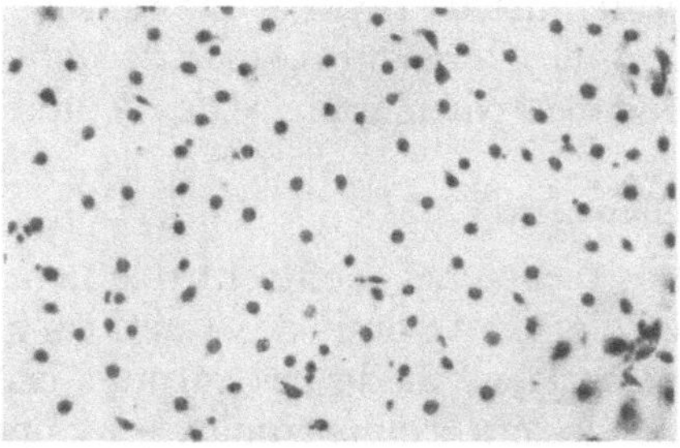

Fig. 5

Fig. 4 et 5. Action exercée par l'extrait thymique sur la culture de thyroide humaine: 4. témoin; 5. extrait thymique, $1,5 \cdot 10^{-1}$

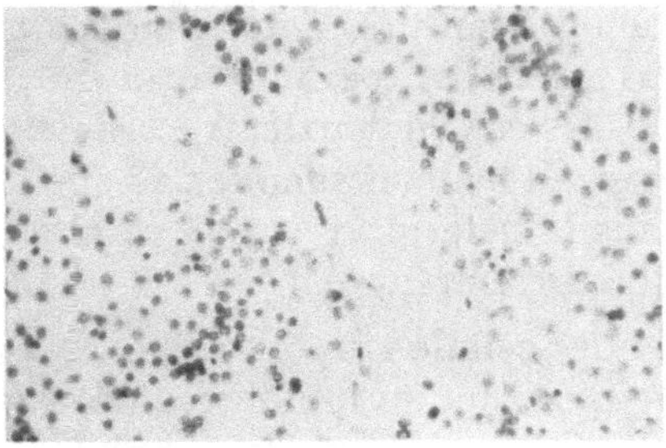

Fig. 6

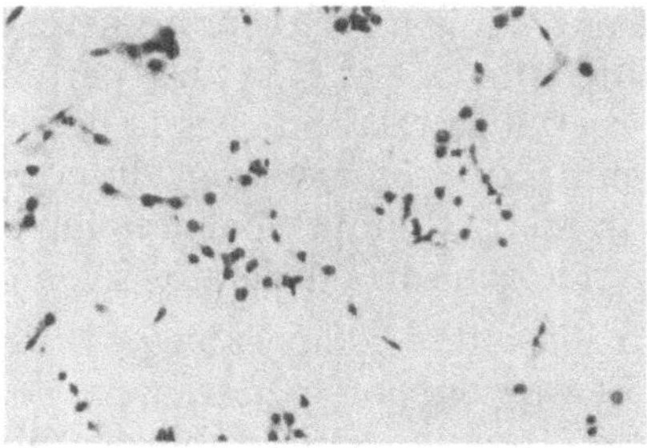

Fig. 7

Fig. 6 et 7. Action exercée par l'extrait thymique sur la culture de cancer thyroïdien: 6. témoin; 7. extrait thymique, $1,5 \cdot 10^{-1}$

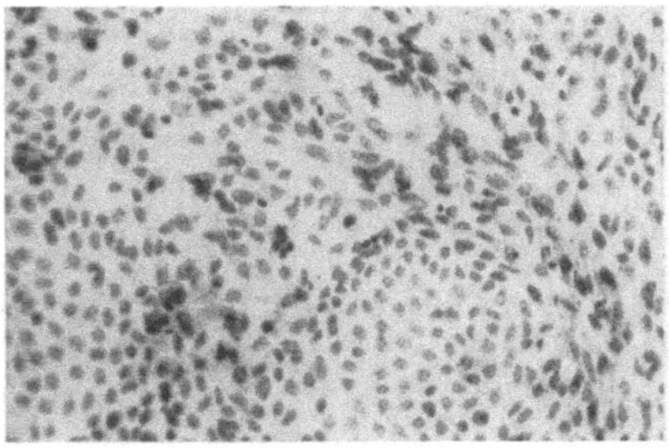

Fig. 8

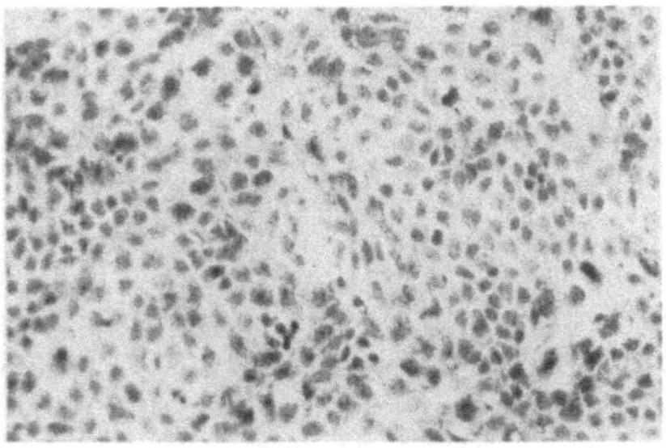

Fig. 9

Fig. 8 et 9. Action exercée par l'extrait thymique sur la culture de tumeur mammaire: 8. témoin; 9. extrait thymique, $1,5 \cdot 10^{-1}$

protéiques de thymus que ceux de muscle ont eu le même effet de stimulation, en commençant par de faibles concentrations, effet qui a été mis en évidence par le nombre des cellules et le taux des protéines.

Discussions

Nos recherches montrent que les méthodes d'extraction utilisées sont aptes à isoler du thymus des fractions actives sur la prolifération cellulaire. De même la méthode des cultures cellulaires s'adapte à tester ces effets. De tous les critériums employés à apprécier l'effet inhibiteur, celui de compter les cellules nous semble supérieur aux dosages chimiques de protéines.

La supériorité du critérium résulte pas tant d'une valeur réduite de l'erreur standard, que de l'existance fréquente d'une relation mathématique simple entre la dose et l'effet. Les dosages de protéines donnent des résultats moins clairs, ce que nous expliquons par le fait que la technique met en évidence non seulement les protéines des cellules vivantes, mais aussi celles des cellules mortes (par exemple des cellules lésées) et des détritus cellulaires.

Maintes fois nous avons recherché l'évolution des cultures à deux moments différents (à 3 et à 6 jours, par exemple), ce que nous a permis de contrôler l'effet et sa relation avec la dose. Dans tous les cas, le deuxième examen a confirmé les observations du premier examen. Il ne nous semble pas que le paramètre ,,temps" eut une importance dans la détermination du résultat, en quelque sorte différant, selon la tige cellulaire employée.

La sensibilité comparable de la ligne K.B. et des cellules thyroïdiennes, cancéreuses ou non-cancéreuses, nous montre que l'action inhibitrice des extraits thymiques ne semble pas différer dans les cultures primaires par rapport à celles entretenues plus longtemps in vitro.

Ainsi, peut-on affirmer que les expériences effectuées sur les cultures de cellules confirment les résultats des recherches in vivo, qui ont signalé la présence dans les extraits thymiques des certains facteurs qui influencent l'accroissement cellulaire. Les résultats exposés suggèrent que les facteurs d'inhibition ont une spécificité d'organe. Par ontre, les effets stimulateurs des extraits lipoprotéiques semblent ne pas manquer de spécificité d'origine. Nos résultats suggèrent une sensibilité différente des cultures cellulaires utilisées, par rapport à l'action inhibitrice de l'extrait thymique. Ainsi, les résultats significatifs à de grandes dilution ont-ils été obtenus sur la ligne K.B. La culture des cellules de cancer thyroïdien humain, ainsi que la culture de la thyroïde humaine ont été suffisamment sensibles.

Une sensibilité plus réduite a présenté une culture d'adénocarcinome mammaire, parue spontanément chez la souris de ligne A_2G et entretenne par homotransplantation isogénétique. La sensibilité réduite de la culture de la tumeur mammaire, qui résulte du tableau aux données qualitatives se manifeste de même par le maintien des caractères généraux de la culture en présence des extraits thymiques.

Nos travaux effectués dernièrement sont caractérisés par l'utilisation des extraits thymiques fractionnés.

On peut souligner que les résultats in vitro concordent avec ceux obtenus par nous dans d'autres séries d'expériences sur la souris porteuse de tumeur ascitogène Ehrlich, sur le rat porteur de tumeur Walker et sur l'embryon de poule, porteur de la tumeur Ehrlich et Guérin.

En examinant les résultats des tableaux exposés on peut apprécier que l'extrait B a une action inhibitrice 10 fois plus forte que l'extrait musculaire et que l'extrait B_1 a une action 10 fois plus faible que l'extrait de muscle.

Bibliographie

[1] Duncan-Dallem, R.: Arch. Biochem. Biophysics **54**, 24 (1955).

[2] Holban, R. u. V. Săhleanu: Cultura de ţesuturi ca metodă în cercetarea biologică şi endocrinologică actuală. Studii Cercetări Endocrinol. [Bucureşti] **15**, 5 (1964).

[3] Lupulescu, A. u. V. Săhleanu: Actualităţi în endocrinologie şi metabolism. Ed. Acad. R. P. R., Bucureşti **1962**, 270.

[4] Milcu, S. M.: Memoriu de titluri şi lucrări. Bucureşti **1947**, 19.

[5] Milcou, S. M., I. Potop, V. Boeru, J. Biener u. G. Mreană: Effet d'une fraction lipoprotéique isolée du thymus sur la croissance et sur quelques données métaboliques. Rev. roum. Endocrinol. **1**, 307 (1964).

[6] Parhon, C. I., I. Potop, A. Babeş, I. Petrea, El. Juvina u. V. Boeru: Acţiunea timusului şi a unor substanţe neurotrope în cancerul experimental. Bucureşti, Ed. Acad. R. P. R. (1955).

[7] Penso, G. u. D. Balducci: La cultura dei tessuti nella ricerca biologica. Ed. II. Pensiero scientifico, Roma 1962.

[8] Potop, I., J. Biener, M. Bălăceanu u. A. Lupulesco: Action des certaines fractions du thymus sur l'embryogénèse et sur le développement des greffes tumorales dans l'oeuf. Neoplasma [Bratislava] **9**, 6, 570 (1962).

[9] Potop, I., V. Boeru u. G. Mreană: Cîteva date asupra unor fracţii lipidice active. Com. Acad. R. P. R. **13**, 915 (1963).

[10] Potop, I., V. Boeru u. G. Mreana: Cîteva date asupra compoziţiei unor extracte proteice preparate din timus. Com. Acad. R. P. R. **13**, 10, 921 (1963).

Summary

St. M. Milcu, I. Potop, R. Holban, E. Ghinea, V. Boeru and G. Mreană: The Action of Certain Thymic Extracts on the Proliferation of in vitro Cultured Cells

The action of certain thymic extracts was investigated in cell cultures obtained by the trypsinization method. A protein thymus extract displayed properties inhibiting the development of cultures in a number of experiments, in opposition to the weak and inconstant effects of lymph node and muscle extracts prepared according to the same technique. The effects were appraised by means of cell counts, protein determinations and morphological examination. The sensitivity of cultures seems to differ according to their origin in the following increasing order: breast tumour maintained in mice by means of grafts, the human thyroid, human thyroid cancer, the KB line. Morphologically, degenerative lesions and necrosis are visualized at high concentrations. A lipoprotein thymus extract was found to have a stimulating effect.

Zusammenfassung

St. M. Milcou, I. Potop, R. Holban, E. Ghinea, V. Boeru u. G. Mreană: Die Wirkung von Thymusextrakten auf das Wachstum in vitro gezüchteter Zellen

Die Wirkung einiger Thymusextrakte auf trypsinierte Zellkulturen wurde untersucht. Thymusproteinextrakte zeigen eine hemmende Wirkung auf das Wachstum der Kulturen, im Gegensatz zu einer nur schwachen und inkonstanten Wirkung von Lymphdrüsen- und Muskelextrakten, die nach dem gleichen Verfahren hergestellt wurden. Die Wirkung wurde auf Grund von Zellzählungen, Proteinbestimmungen und morphologischen Untersuchungen getestet. Die Sensibilität der Kulturen scheint je nach ihrem Ursprung verschieden zu sein und zwar in folgender aufsteigender Reihenfolge: transplantable Mammatumoren, menschliche Schilddrüse, menschliche Schilddrüsenkarzinome der Linie K.B. Morphologisch wurden bei hohen Konzentrationen degenerative Veränderungen und Nekrose nachgewiesen. Ein Lipoproteid-Thymusextrakt zeigte eine stimulierende Wirkung.

Резюме

Ст. М. Милцоу, И. Потоп, Р. Голбан, Е. Гинеа, В. Боеру и Г. Мреана: Действие экстрактов зобной железы на рост культивированных in vitro клеток

Исследовалось действие некоторых экстрактов зобной железы на трипсинированные клеточные культуры. Белковый экстракт зобной железы проявляет тормозящее действие на рост культур в отличие от слабового и непостоянного эффекта экстрактов лимфатических узлов и мышц, приготовленных по тому же методу. Действие оценивалось путем счета клеток, определений протеина и морфологических исследований. Чувствительность культур очевидно зависит от происхождения их, а именно в следующем возрастающем порядке: перевиваемый рак молочной железы, щитовидная железа человека, рак щитовидной железы человека, линии КВ. Морфологическое исследование при высоких концентрациях обнаружило дегенративные изменения и некроз. Липопротеидный экстракт зобной железы оказал стимулирующее действие.

Acta bicl. med. german., Band 16, Seite 617—624 (1966)

Aus dem Institut für allgemeine Biologie der Fakultät der allgemeinen Medizin an der Karls-Universität in Prag (Direktor: Prof. MUDr. RNDr. B. SEKLA)

Zur Ontogenese der Rattenhämoglobine

R. BRDIČKA

(Eingegangen am 22. 12. 1965)

Zusammenfassung

Während der Embryonalentwicklung erfolgt bei Ratten eine quantitative Veränderung ihres Hb-Musters. Mittels Stärkegelelektrophorese lassen sich schon bei 13 Tage alten Embryonen Hb-Fraktionen des adulten Tieres nachweisen. Während indes bei der erwachsenen Ratte die Fraktion 1 mit etwa 50% des Gesamt-Hb überwiegt, tritt beim Feten bevorzugt die Fraktion 2 auf (ebenfalls rund 50%). Die neugeborene Ratte besitzt schon weitgehend das Hb-Muster des adulten Tieres. Die Dynamik dieser Verschiebungen korreliert in gewissem Maße mit dem Wechsel der Blutbildungsorte: Leber–(Milz)–Knochenmark.

Über verschiedene Eigenschaften des Nabelschnur-(Fetal-) und des reifen Bluts hat als erster wahrscheinlich KÖRBER (zit. nach [2], [9]) berichtet. Er hat eine größere Widerstandsfähigkeit des Hämolysates der fetalen Blutkörperchen bei saurer und alkalischer Denaturierung festgestellt.

Die Existenz eines besonderen Hämoglobin(Hb)-Typs, der diese größere Widerstandsfähigkeit der fetalen Hämolysate bedingt, haben BISCHOFF [2], HAUROWITZ [12] und andere bestätigt. Außer dem humanen Fetal-Hb, das als erstes entdeckt worden war, wurden Fetal-Hb bei anderen Säugetieren (SEN [22], BRINKMAN [8], HUISMAN [14], VISSER [27]), bei Vögeln (D'AMELIO [1], BORGHESE [4]) und auch bei niedrigeren Tieren (KURATA [17]) identifiziert. Wenngleich KÖRBERS Befund beiläufig 100 Jahre alt ist und als Beginn und Grundstein der Biochemie der Ontogenese aufgefaßt werden kann, erfolgte ihr weiterer Aufschwung erst in den letzten Jahrzehnten — nach der Periode, in der die Ontogenese vorwiegend nur vom morphologischen Gesichtspunkt her untersucht wurde, weil weder geeignete Methoden noch notwendige Grundkenntnisse zur Verfügung standen. Ontogenetische Veränderungen der Hämopoese, der blutbildenden Organe und des Bluts waren auch bei der Ratte viel eher und ausführlicher (JACOBSEN [15]) erforscht worden als die Analyse ihrer Hb durchgeführt wurde. Weil die bisherigen Ergebnisse der Analyse der Ratten-Hb zum größten Teil höchstens beim neugeborenen Tier beginnen und nur die Reifeperiode einbeziehen, ferner nicht völlig eindeutig sind, haben wir versucht, diese Erkenntnisse zu ergänzen und auf die Vorgeburtsperiode auszudehnen.

Wir verfolgten die Entwicklung der Ratten-Hb mittels Stärkegel-Elektrophorese, die für die qualitative Analyse sehr vorteilhaft ist. Mit ihrer Hilfe gelang es, Zwischenliniendifferenzen in Hb-Fraktionen der Ratten nachzuweisen (Brdička [6]), French und Roberts [29]). Wir benutzten sie deshalb auch zum Studium der ontogenetischen Veränderungen.

Material und Methodik

Als Versuchstiere dienten in unserem Laboratorium gezüchtete Ratten, und zwar der Inzuchtstämme WP, BP, LEP, AVN und LW (Brdička [5], Frenzl [11]). Die Linien WP, BP und LEP stammen aus eigener Zucht ab, die Linie AVN von der Zucht der Tschechoslowakischen Akademie der Wissenschaften und die Linie LW vom Wistar-Institut (USA). Die Typenzugehörigkeit des Hb-Bildes wurde bei allen Stämmen sorgfältig untersucht. Von diesem Gesichtspunkt aus sind sie alle homogen. Die Rattenweibchen wurden mit ausgewählten Rattenmännchen eine begrenzte Zeit (höchstens 48 Std.) zusammengesetzt und in dieser Zeit gedeckt. In der Trächtigkeitsperiode operierten wir die Embryonen in festgesetzten Intervallen heraus und ließen sie dann nach der Unterbrechung der Nabelschnur in eine lauwarme gerinnungshemmende Lösung ausbluten. Insgesamt wurden in dieser Weise 21 trächtige Rattenweibchen bearbeitet. Verwendet wurde das Embryonalmischblut aller Embryonen eines Rattenweibchens. Bei älteren Feten und neugeborenen Ratten wurde das Mischblut einer geringeren Zahl (4—2) von Tieren verwendet, bei den übrigen Ratten wurden die Blutmuster jeweils individuell erhoben. Die Erythrozyten wuschen wir dreimal in physiologischer Lösung, die Suspension nach dem letzten Waschen hämolysierten wir mit dem zweifachen Volumen der modifizierten Drabkin-Lösung. Zur Elektrophorese diente frisches Hämolysat (binnen 2 Std.), das möglichst kurze Zeit nach dem Zentrifugieren verwendet wurde, um die Kristallisation und weitere Veränderungen zu verhindern. Die Elektrophorese lief in einer von Smithies [23] beschriebenen Einrichtung und unter Bedingungen, die in der Arbeit Brdička [6] mitgeteilt wurden. Zur Färbung dienten Amidoschwarz 10 B und Benzidin. Zur quantitativen Auswertung, die bei der Stärkegelelektrophorese einigermaßen schwierig ist, wurden im Gel gefärbte Fraktionen photographiert und die Negative densitometrisch ausgemessen. Für die quantitative Bewertung wurden nur vier Benzidin-positive Grundfraktionen verwendet, die 90% des Gesamt-Hb darstellen und eine relativ genaue Auswertung gestatten. Gleichzeitig mit der Entblutung entnahmen wir Leber, Milz und Knochenmark zur morphologischen Untersuchung von Schnitten bzw. von Abdrücken und machten Blutausstriche: Färbung panoptisch.

Ergebnisse

Die densitometrischen Kurven der Hb-Elektropherogramme werden in Abbildung 1 veranschaulicht. Dargestellt sind die Muster erwachsener und neugeborener Tiere sowie von 14 bis 16 Tage alten Embryonen, und zwar für die beiden Hb-Grundtypen A und B sowie den hybriden Typ. Bei reifen Ratten überwiegt Fraktion 1, die rund 50% des Gesamt-Hb ausmacht. Die Fraktionen 2, 3 und 4 bewegen sich je zwischen 10—20%. Am schwächsten sind die Fraktionen 5 und 8 vertreten, die 10% nicht überschreiten. Zur Bezeichnung der Fraktionen siehe Brdička [6]. Bei Feten zwischen dem 13. und 15. Tag überwiegt Fraktion 2 beträchtlich. Sie übersteigt 50% des Gesamt-Hb. Bei neugeborenen Ratten ist ein relativer Angleich im Sinne der Senkung der Fraktion 1 und der Erhöhung der schwächeren Fraktionen zu finden. Zwischenliniendifferenzen, die im Gebiet der Fraktionen 3—8 vorkommen, werden bereits während der Ontogenese ausgebildet und schon der 14 Tage alte Fet kann einem bestimmten Typ zugeordnet werden. Das bedeutet, daß in den Grenzen der methodischen Empfindlichkeit die Entwick-

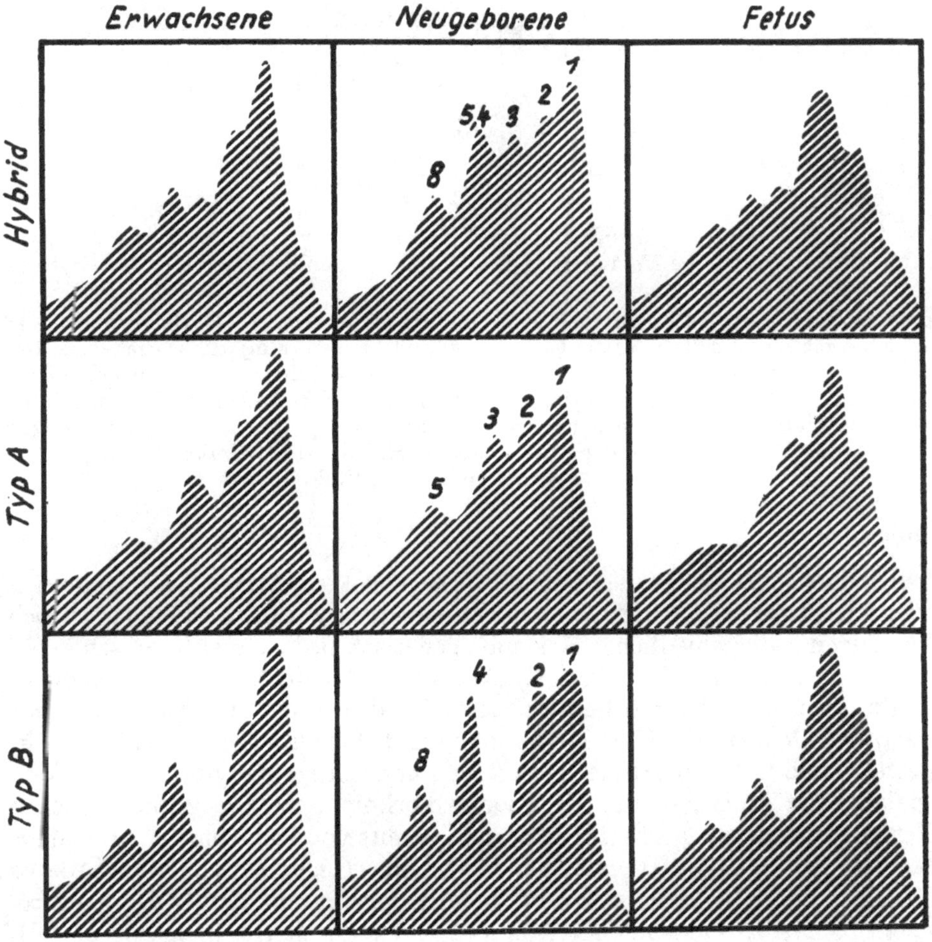

Abb. 1. Densitometrische Kurven der Elektropherogramme mit den relativen Mengen der Grundfraktionen der Hb-Typen A und B sowie des hybriden Typs bei adulten und neugeborenen Ratten sowie bei 15 Tage alten Feten. Nähere Bezeichnung der Fraktionen siehe bei Brdička [6]

lung aller Hb-Typen mit annähernd gleicher Geschwindigkeit verläuft. Kleine Differenzen, die sich wahrscheinlich bei Hybriden am ehesten zeigen würden, waren mit unserer Methodik nicht nachweisbar, auch deswegen, weil die Embryonen eines Rattenweibchens im gegebenen Augenblick nicht gleichmäßig entwickelt sind (Jones [16]). Der nähere Verlauf der weiteren ontogenetischen Veränderung der vier Hb-Grundfraktionen nach dem 13. bis 14. Tag des Fetallebens wird zusammen mit Daten und Ergebnissen der morphologischen Untersuchungen in Abbildung 2 demonstriert. Die Angaben über das Hb-Muster beziehen sich nur auf Ratten mit Hb-Typ A Stamm WP und AVN).

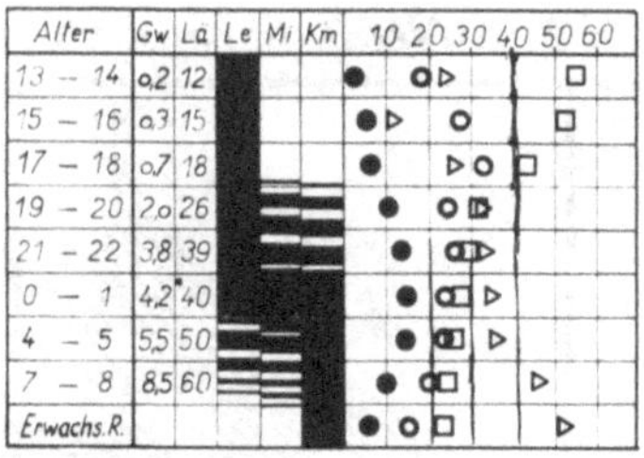

Abb. 2. Ontogenetische Veränderung des Hb-Musters und Verlagerung der Erythrozytenbildungsorte.

In der ersten Spalte Rattenalter in Tagen, Embryonalperiode 13—22, Geburtstag 0—1; in der zweiten und dritten Spalte Gewicht [g] und Längen [mm], schwänzchenlos. Bezeichnung der weiteren Spalten: Le = Leber; Mi = Milz; Km = Knochenmark. Schwarze Fläche drückt die Blutbildung aus, weiße Fläche bedeutet nicht nachweisbare Blutbildung. In den nächsten Spalten werden die prozentualen Veränderungen der Hb-Fraktionen wiedergegeben (Gesamt-Hb = 100%): Fraktion 1 = △; Fraktion 2 = □; Fraktion 3 = ○; Fraktion 4 = ●

Diskussion

Bei erwachsenen Ratten sind nach Stärkegelelektrophorese des Hämolysats vier Hb-Grund- und einige Nebenfraktionen nachweisbar. Dabei lassen sich bei Tieren unterschiedlicher Herkunft genetisch bedingte Differenzen beobachten (Brdička [6], Brdička [7]). Wir verfolgten die Veränderungen dieser Fraktionen in der letzten Fetalwoche und während der ersten zwei Wochen nach der Geburt. In Übereinstimmung mit Tobiška [24] haben wir festgestellt, daß in der postnatalen Periode nur noch geringe quantitative Verschiebungen innerhalb der Fraktionen vorkommen. Die grundsätzlichen Veränderungen erfolgen weit früher, und bereits vor der Geburt entstehen die für den Reifezustand typischen Verhältnisse. Gegenbefunde von Trinčer [26], der den Hb-Status aufgrund der Alkalenempfindlichkeit der Erythrozyten beurteilt, und von Trávníček [25], der durch Hb-Trennung an CM-Sephadex zwischen neugeborenen und erwachsenen Ratten starke Unterschiede (weniger Fraktionen) findet, gründen sich auf einigen morphologischen Beobachtungen an den roten Rattenblutkörperchen, deren ontogenetische Differenzierung erst um den 14.—21. Tag abgeschlossen wird (Říman [21]). Wir sind der Meinung, daß Trávníčeks Befund den schwächeren Trenneigenschaften von CM-Sephadex zugeschrieben werden kann. Das zeigen auf einige Ergebnisse der Elektrophorese eluierter Hb-Fraktionen im Vergleich zu Daten von Tobiška, der auf CM-Zellulose bis zu 7 verschiedene Fraktionen gewonnen hat. Die Befunde von Trinčer können nur mit großen Schwierigkeiten diskutiert werden, weil er unmittelbar mit Hämoglobinen nicht gearbeitet hat und ihren Zustand nur nach dem Komplexverhalten der Erythrozyten beurteilt.

Unsere biochemischen Befunde belegen die sehr frühzeitige Entwicklung der definitiven Hb-Muster, während die morphologische Differenzierung der

Blutzellen erst später zum Abschluß kommt. Beim Menschen ist es umgekehrt: Die morphologische Reife in der Blutbildung erfolgt früher als die biochemische, denn noch nach der Geburt finden wir beträchtliche Mengen von Fetal-Hb, das allmählich absinkt, um schließlich während der ersten zwei Jahre das in der Reifezeit übliche Niveau zu erreichen (NETOUŠEK [20]). Bei der Ratte verlagert sich die Blutbildung um den 18. bis 20. Tag des Fetallebens ins Knochenmark. Dabei überdauert die Blutbildung in der Leber noch mindestens eine Woche nach der Geburt, in der Milz sogar noch länger (JACOBSEN [15]). Wir können die Angaben von JACOBSEN mit unserem Material bestätigen. Die hämopoetische Aktivität in der Leber hält bis zum Ende der ersten postnatalen Woche (bei JACOBSEN noch länger) an. In der Milz setzt sie in den letzten 4—5 Tagen vor der Geburt ein und erstreckt sich mindestens auf 14—21 postnatale Tage. Die Hämopoese im Knochenmark beginnt erst in den letzten pränatalen Tagen und nimmt dann ständig zu. Während der letzten Embryonalwoche geschehen im peripheren Blutbild beträchtliche Veränderungen. Zu Beginn findet man eine bedeutende Menge kernhaltiger Erythrozyten mit durchweg retikulo-filamentöser Substanz im Zytoplasma. Die Retikulozyten-Zahl übersteigt 90%. In der Geburtszeit treten nur noch wenige Prozente kernhaltiger Erythrozyten auf, die Retikulozytenzahl zeigt folgende Bewegung: Noch am 4. Tage beträgt sie 30 bis 40%, am Ende der ersten Woche rund 10%, um dann langsam weiter zu sinken.

Morphologische und biochemische Befunde in Einklang zu setzen ist gegenwärtig noch sehr schwierig. Die Vorstellungen von DRABKIN [9], [10] über das hepatische und das medulläre Globin lassen sich für die Einordnung unserer Ergebnisse nur schwerlich heranziehen. Es ist nicht ausgeschlossen, daß die Zunahme der Fraktion 1, deren Auftreten mit der Leberentwicklung zusammenfällt, und die hepatische Blutbildung zusammenhängen. In den Leberzellen erfolgen nach Befunden von WISE [28] selbst in der letzten Embryonal-Woche noch bedeutende Veränderungen in der Proteinbildung. Es ist aber nicht möglich, Hb-Fraktion 1 und Leberhämopoese direkt zu korrelieren. Vielleicht könnten die jeweiligen speziellen Stoffwechselbedingungen in den betreffenden Organen Hämopoese-bestimmender Faktor sein. Eine solche Möglichkeit wurde oft gerade vom morphologischen Standpunkt diskutiert, so von LAST [18]. Eine andere Erklärung ergibt sich aus dem Wechsel der Populationen primitiver Blutkörperchen, von denen jede ein anderes Hämoglobin oder eine andere Fraktionsgruppe enthalten würde. Die ursprüngliche Population sollte dann nur — oder vorwiegend — Fraktion 2 enthalten, die in der Periode der Zentralisation der Blutbildung auftretende Population Fraktion 1. Eine solche Deutung könnte durch den diskriminierenden Nachweis fetaler Blutkörperchen in Mischung mit reifen (MATIOLI [19], HOSOI [13]) unterstützt werden. Solche Versuche waren erfolgreich; bei Anwendung der empfindlicheren Methode von HOSOI [13] ist die Differenzierung allerdings nicht absolut. Die Situation wird allerdings noch dadurch kompliziert, daß auch bei erwachsenen Ratten, bei denen keine Blutbildungszeichen in der Leber nachweisbar sind, ca. 20% Hb-Fraktion 2 gefunden werden.

Der Prozeß der Hb-Ontogenese könnte auf der Basis unserer Befunde wie folgt erklärt werden: a) Zwischen den beobachteten biochemischen und morphologischen Veränderungen gibt es keine sichtbare direkte Abhängigkeit. b) Die notwendige genetische Information zur Bildung des ganzen Hämoglobinkomplexes haben alle Arten kernhaltiger Zellen der erythrogenen Reihe. c) Die quantitative Realisation der ganzen Information erfolgt nicht auf einmal, sondern stufenweise.

Bei den primitivsten Erythrozyten macht sich vorwiegend nur jener Teil geltend, der die Synthese des Fetal-Hb — Fraktion 2 — beherrscht. Weitere Teile der genetischen Information manifestieren sich erst in den späteren Stufen der Hämopoese. Es kann sich um eine Regulation (Induktion) auf dem Gen- oder Enzym-(Hormon-)Niveau handeln. Die Anwesenheit von Fetal-Hb im adulten Tier bedeutet entweder, daß einige Erythrozyten auf ihrer frühen Entwicklungsstufe stehen geblieben sind, oder daß jedes Blutkörperchen während seiner Entwicklung und Reifung zuerst fetales und später adultes Hb synthetisiert. Die erste Möglichkeit wird durch Ergebnisse oben erwähnter Autoren unterstützt, die zweite müßte durch Differenzen im Hb-Muster verschieden alter Erythrozyten belegt werden. Hier kann man Blunts [3] Befunde einreihen. Blunt hat eine Vermehrung von Fetal-Hb bei Schafen mit Entblutungsanämie festgestellt. Wir haben uns um einen direkten Nachweis mittels Isolierung von Retikulozyten und Bestimmung der in ihnen enthaltenen Hb-Fraktionen bemüht — bisher erfolglos: Sie zeigten gleiche Verhältnisse wie reife Erythrozyten. Vielleicht lassen sich mit Hilfe einer empfindlicheren Methode dennoch Differenzen nachweisen.

Frau V. Bernardova spreche ich für ihre technische Mitarbeit, Dr. R. Neuwirtová und Dr. R. Kraus für ihre Hilfe bei der Bewertung der morphologischen Befunde meinen tiefen und aufrichtigen Dank aus.

Literatur

[1] D'Amelio, V. u. A. M. Salvo: A serological study of the ontogenesis of hemoglobin in the chicken embryo. Acta Embryol Morph. exp. [Palermo], 2 (1959).

[2] Bischoff, H.: Untersuchungen über die Resistenz des Hämoglobins des Menschenblutes mit besonderer Berücksichtigung des Säuglingsalters. Z. ges. exp. Med. **48**, 48 (1926).

[3] Blunt, M. H. u. J. V. Evans: Changes in the concentration of potassium in the erythrocytes and in haemoglobin type in Merino sheep under a severe anaemic stress. Nature [London] **200**, 1215 (1963).

[4] Borghese, T. A. u. J. F. Bertles: Ontogeny of duck hemoglobin. Fed. Proc. Abstracts of the 49th Ann. Meet. No. 3278 (1965).

[5] Brdička, R., V. Křen, B. Frenzl u. Ř. Stark: Interlineal relationship in rats. Folia biol. [Praha] **8**, 352 (1962).

[6] Brdička, R. u. K. Šulc: Different hemoglobin patterns in inbred lines of rats. Folia biol. [Praha] **11**, 328 (1965).

[7] Brdička, R.: Hemoglobin in rats (in Vorbereitung).

[8] BRINKMAN, R. u. J. H. P. JONXIS: Alkaline resistance and spreading velocity of foetal and adult types of mammalian haemoglobins. J. Physiology 88, 162 (1937).
[9] DRABKIN, D. L.: Heredity and environment in structure of hemoglobin. Federat. Proc. 16, 740 (1957).
[10] DRABKIN, D. L.: Metabolism of hemin chromoproteins. Physiol. Rev. 31, 345 (1951).
[11] FRENZL, B., R. BRDIČKA, V. KŘEN u. O. ŠTARK: Erythrocyte B 1 antigen in inbred rat strains. Proc. of IX. Eur. Conf. of animal blood groups, Praha, Aug. 1964.
[12] HAUROWITZ, F.: Zur Chemie des Blutfarbstoffes. 11. Über das Hämoglobin des Menschen. Hoppe-Seyler's Z. physiol. Chem. 186, 141 (1930).
[13] HOSOI, T.: Studies on hemoglobin F within single erythrocyte by fluorescent antibody technique. Exp. Cell Res. 37, 680 (1965).
[14] HUISMAN, T. H. J., J. VAN DE BRANDE u. C. A. MEYERING: Studies on the heterogeneity of hemoglobin. III. The heterogeneity of some animal hemoglobins. Clin. chim. Acta (Amsterdam) 5, 375 (1960).
[15] JACOBSEN, E. u. C. M. PLUM: Über die embryonale Produktion roter Blutkörperchen bei der Ratte. Folia haematol. (Leipzig) 66, 164 (1942).
[16] JONES, O. P.: The degree of macrocytosis in blood from newborn rats as related to the time of implantation. Anat. Rec. 79, 35 (1941). Abstr. No. 13.
[17] KURATA, Y. u. W. ARAKAVA: Embryonic hemoglobin of Buffo vulgaris. Blut 9, 42 (1963).
[18] LAST, J. H.: Effect on blood picture of 15 day embryo of liver extract injected into pregnant rat. Proc. Soc. exp. Biol. Med. 46, 194 (1941).
[19] MATIOLI, G. u. B. THORELL: Kinetics of the alkali denaturation of hemoglobin in the single erythrocyte. Blood 21, 1 (1963).
[20] NETOUŠEK, M.: Klinická hematologie, SZN Praha, S. 13—18 (1962).
[21] ŘÍMAN, J.: The studies in the rat bone marrow. Rozpravy ČSAV 67, Heft 6 (1957).
[22] SEN, N. N., K. C. DAS u. B. K. AIKAT: Fetal hemoglobin in the monkey. Nature (London) 186, 977 (1960).
[23] SMITHIES, O.: An improved procedure for starch gel electrophoresis: Further variations in the serum proteins of normal individuals. Biochem. J. 71, 585 (1959).
[24] TOBIŠKA, J. u. Z. BRADA: Behavior of rat haemoglobin fractions in the course of phenylhydrazine anaemia. Brit. J. Haematol. 11, 210 (1965).
[25] TRÁVNÍČEK, T., E. TRÁVNÍČKOVÁ u. K. ŠULC: Změny hemoglobinových frakcí na CM-Sephadexu za rozných pokusných podmínek. Vorgetragen auf der Arbeitstagung der klin. chem. Sektion der Tschechoslowakischen ärztlichen Ges., Sept. 1965.
[26] TRINČER, K. S. u. E. I. GINCBURG: Adaptacionoje izmenenije gemoglobina v ontogeneze. Ssetschenow-J. Physiol. [UdSSR] 49, 621 (1963).
[27] VISSER, H. K. A., T. H. J. HUISMAN u. M. G. WOLDRING: The postnatal synthesis of foetal hemoglobin. I. Some studies in newborn goats using radioactive Fe^{59} and Glycine-2-C^{14}. Blood 12, 1004 (1957).
[28] WISE, R. W., F. J. BALLARD u. E. EZEKIEL: Developmental changes in the plasma protein pattern of the rat. Comparat. Biochem. Physiol. 9, 23 (1963).
[29] FRENCH, E. A. u. K. B. ROBERTS: The multiple haemoglobins of the rat. J. Physiology 180, 16 (1965).

Summary

R. BRDIČKA: Ontogenesis of rat hemoglobins

Embryonic rats show a quantitive change of their hemoglobin patterns. Starch gel electrophoresis reveals Hb fractions of adults already in 13-days-old embryos. Whereas in the adult rat fraction 1 is prevailing by about 50 percent of the total Hb, the fetus was seen to have preferably fraction 2 (also about 50 percent). The new-born rat, in general, has the Hb pattern of adults. The dynamics of these shifts is correlated, to a certain degree, with the change in type of hematopoiesis: liver–(spleen)–bone marrow.

Резюме

Р. Брдицка: К онтогенезу гемоглобинов у крыс

Во время эмбрионального развития у крыс наблюдается количественное изменение их образца гемоглобина. Методом электрофореза на крахмальном геле обнаруживаются гемоглобинные фракции взрослых животных уже у эмбрионов возрастом 13 дней. В то время как у взрослых крыс фракция 1 встречается в количестве примерно 50% от общего гемоглобина, у фетов преимущественно наблюдается фракция 2 (тоже около 50%). Новорожденная крыса в основном имеет Hb-образец взрослого животного. Динамика этих сдвигов в известной мере коррелирует с изменением типа гематопоэза: печень-(селезенка)-костный мозг.

Acta biol. med. german., Band 16, Seite 625—649 (1966)

Aus dem Physiologischen Institut der Friedrich-Schiller-Universität Jena
(Direktor: Prof. Dr. F. SCHWARZ)

Über das Verhalten des lokalen Potentials bei Reizung motorischer Nervenfasern mit rhythmischen elektrischen Impulsen

F. SCHWARZ

(Eingegangen am 31. 1. 1966)

Zusammenfassung

RANVIERsche Schnürringe motorischer Nervenfasern aus dem Nervus ischiadicus des Frosches werden mit rechteckigen elektrischen Impulsen zwischen 500 und 7500 Hz gereizt. Unterschwellige lokale Potentiale und Aktionspotentiale werden abgeleitet. Die einzelnen Reizimpulse bringen lokale Potentialänderungen hervor, die sich summieren. Es zeigt sich, daß eine von der Reizfrequenz und von der Art und der Polung der Impulse abhängige Zahl von Impulsen abgelaufen sein muß, bis ein Aktionspotential ausklinkt. Für den Reizerfolg ist die Zufuhr einer bestimmten Elektrizitätsmenge Q nötig. Q steigt mit steigender Frequenz und ist bei Reizung mit diphasischen Impulsen größer als bei Reizung mit monophasischen.

Ein abklingendes lokales Potential läßt sich durch nachfolgende Impulse in verschiedenem zeitlichen Abstand vom ersten Impuls abtasten. Von dem so berechneten Potentialverlauf wird das nur passiv verformte, weit unterschwellige Potential subtrahiert. Es ergibt sich der aktive Potentialanteil u_a, der mathematisch analysiert wird. Die Kurven $u_a(t)$ setzen sich aus einer Potenz- und einer Exponentialfunktion zusammen, wobei die Zeitkonstante des Erregungsrückgangs zeitabhängig ist. Die erste Ableitung von u_a nach der Zeit läßt einen periodischen Vorgang erkennen. Die Differentialgleichung des aktiven Potentialanteils lautet in allgemeiner Fassung

$$\varphi(t)\,\dot{u} + \psi(t)\,u = 0\,.$$

Ist die Reizspannung unterschwellig, so wird die durch Summation hervorgebrachte Depolarisation nach anfänglicher Zunahme wieder kleiner; dieses ,,Hochbuckeln" läßt sich mit der Annahme deuten, daß sich die Zeitkonstante der Erregung mit dem Membranzustand zeitabhängig ändert.

Unterschwellige elektrische Wechselimpulse bringen Änderungen des lokalen Potentials und Summationserscheinungen hervor, wie vor kurzem am RANVIERschen Schnürring der motorischen Nervenfaser gezeigt worden ist (SCHWARZ und VOLKMER [1]). Es wurden weitere Versuche mit monophasischen kathodischen Impulsen und nullsymmetrischen Wechselimpulsen angestellt. Diese und die früheren Versuche wurden analysiert; daraus ergab sich die vorliegende Mitteilung.

I. Methodik der Versuche

Einzelfaserpräparate aus dem Nervus ischiadicus des Frosches (Rana temporaria und Rana esculenta) wurden in eine Versuchsanordnung nach KILB und STÄMPFLI [2] gebracht. Der RANVIERsche Schnürring wurde mit monophasischen Impulsen von 0,06 msec und Wechselimpulsen von 0,12 msec Dauer gereizt (Einsatzbild in Abb. 3); die Impulsfrequenz wurde zwischen 500 und 7500 Hz variiert.
Der Versuchsverlauf geht aus der Mitteilung von SCHWARZ und VOLKMER [1] hervor. Es wurden zwei Arten von Versuchen angestellt: a) Die Zahl der Impulse pro „Hauptnutzzeit", also die Zeitschwelle, wurde bestimmt, und die zum Ausklinken eines Aktionspotentials nötige Schwellenspannung wurde ermittelt. b) Oszillogramme der Reizimpulse und der von ihnen hervorgebrachten Potentialschwankungen wurden registriert und ausgemessen.

Ergebnisse I.

Eine Reihe *monophasischer Impulse*, auf Schwellenspannung eingestellt, löst am Ende der Serie ein Aktionspotential aus. Während des Ablaufs der Impulsserie findet eine Summation unterschwelliger lokaler Potentiale statt, wie aus der zunehmenden Verformung der einzelnen Potentialschwankungen hervorgeht, bis mit dem letzten Impuls ein Aktionspotential ausklinkt (Impulszahl der „Hauptnutzzeit", SCHWARZ [3]). Die Impulszahl ist von der Reizfrequenz abhängig. Abbildung 1 zeigt, daß die Zahl der Impulse mit steigender Frequenz zunimmt. Zum Vergleich mit der Kurve der monophasischen Impulse (*k*) sind die Kurven der kathodisch beginnenden (*k — a*)

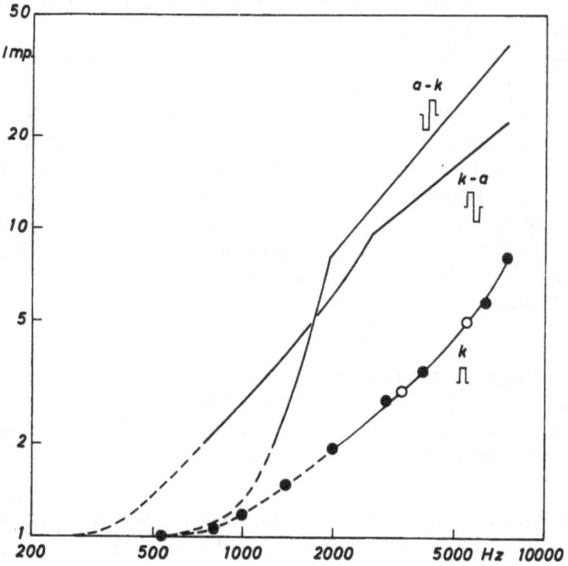

Abb. 1. Beziehungen zwischen Impulszahl und Reizfrequenz.
Abszissen: Reizfrequenzen; Ordinaten: Zahl der Impulse pro „HNZ". Kurve *k*, monophasische kathodische Impulse, schwarze Punkte: gemessene Frequenzen; weiße Punkte: Frequenzen für die Impulszahlen 3 und 5. Kurven *k—a* und *a—k*: Wechselimpulse, zum Vergleich mit Kurve *k* (aus SCHWARZ und VOLKMER [1])

und anodisch beginnenden ($a - k$) Wechselimpulse eingetragen (aus SCHWARZ und VOLKMER [1]). Die monophasischen Impulse zeigen eine geringere Neigung zur Summation, die für die „Hauptnutzzeit" („HNZ") nötige Impulszahl ist bei jeder Reizfrequenz kleiner als die Impulszahl bei Reizung mit Wechselimpulsen.

Das Aktionspotential klinkt nach dem Ablauf von mehr oder weniger Impulsen aus, je nachdem die Reizspannung der Impulse kleiner oder größer ist. Abbildung 2 zeigt den Zusammenhang zwischen Impulszahl und Schwellen-

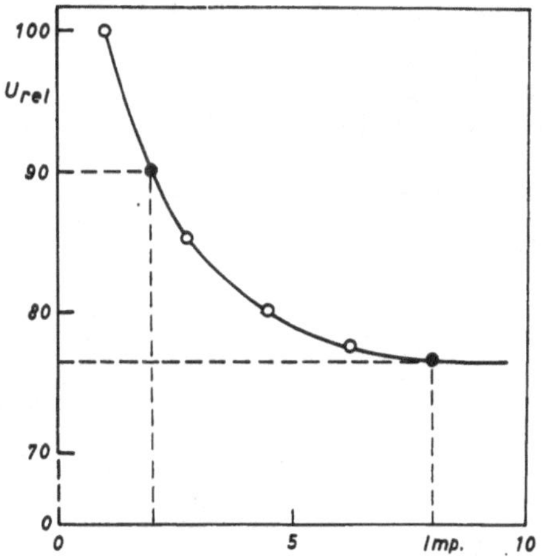

Abb. 2. Reizung mit Impulsgruppen verschiedener Länge. Monophasische kathodische Impulse, Reizfrequenz 7500 Hz.

Abszissen: Impulszahl; Ordinaten: relative Schwellenspannung der Impulsgruppen, für 1 Impuls = 100. Weiße Punkte: Anfang (A, 1 Impuls), $^1/_4$, $^1/_2$, $^3/_4$ der „HNZ" (SCHWARZ [11]); schwarze Punkte: 2 und 8 („HNZ") Impulse

spannung: Die Schwellenintensität eines einzigen kathodischen Impulses wurde = 100 gesetzt. Für das Ausklinken eines Aktionspotentials nach 2 Impulsen mußte dann die Reizintensität beider Impulse 90 betragen; für die Schwellenwirkung einer Serie von 8 Impulsen (Impulszahl der „HNZ") mußte die Intensität jedes Impulses 76,4 sein (schwarze Punkte). Bei Reizung mit *Wechselimpulsen* ($k—a$ und $a—k$) sind analoge Beziehungen zwischen Schwellenintensität und Impulszahl gefunden worden; sie sind in Form von i–t-Kurven von SCHWARZ und VOLKMER [1] beschrieben worden.

In einer anderen Meßreihe wurden die Schwellenspannungen einzelner monophasischer Impulse (k) mit denen einzelner Wechselimpulse ($k—a$ und $a—k$) verglichen. Es ergab sich eine Relation von (k) 100:($k—a$) 118:($a—k$) 149. Bei den Wechselimpulsen wurde hierbei die Amplitude in nur einer Richtung gerechnet. Das Einsatzbild in Abbildung 3 zeigt das Amplitudenverhältnis der Impulse zueinander.

Es hat sich gezeigt, daß bei Schwellenreizspannung eine von der Reizfrequenz und von der Art und der Polung der Impulse abhängige Zahl von Impulsen abgelaufen sein muß, bis ein Aktionspotential entsteht (Abb. 1). Für einen Reizerfolg ist offenbar die Zufuhr einer bestimmten Elektrizitätsmenge Q notwendig, die sich als Produkt aus der Schwellenstromstärke I, der Impulszahl pro „HNZ“ und der Impulsdauer (0,06 msec) berechnen läßt.

Der Widerstand R des Nerven ($R_K + R_M$, $R_K \gg R_M$, Abb. 19) wurde als praktisch konstant angesehen, so daß zur Berechnung von Q anstelle der Schwellenstromstärke I die relative Schwellenspannung U genommen werden konnte. Das Einsatzbild in Abbildung 3 zeigt schwellengleiche Einzelimpulse. Die schraffierten Flächen sind zur Berechnung von Q verwendet worden, es sind die kathodischen Impulse, die reizwirksamen Teile der Wechselimpulse.

In Abbildung 3 steigen die Kurven der Elektrizitätsmengen nach links, also nach höheren Frequenzen oder kleineren Impulsabständen hin, an, weil die

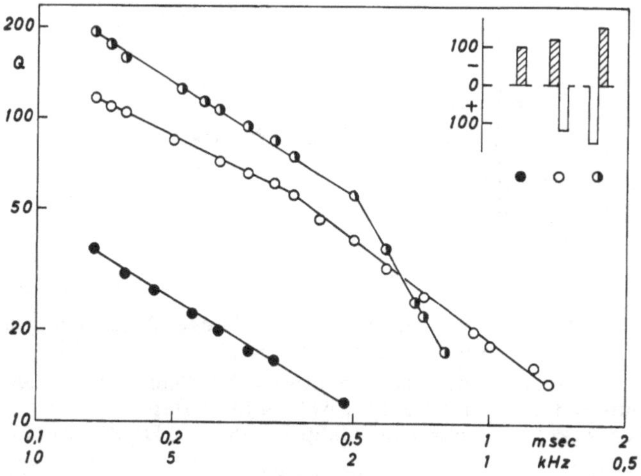

Abb. 3. Elektrizitätsmenge bei Reizung mit Impulsgruppen von der Dauer der „Hauptnutzzeit“.

Abszissen: Impulsabstände und Reizfrequenzen; Ordinaten: Elektrizitätsmenge Q. Einsatzbild: Schwellenwirksame Einzelimpulse

Zahl der Impulse pro „HNZ“ schneller wächst, als die Schwellenreizspannung abnimmt. Die Q-Kurven der Wechselimpulse liegen beträchtlich über den Kurven der monophasischen Impulse.

Die zum Erreichen der Schwelle benötigte Elektrizitätsmenge Q ist bei Reizung mit einem Impulspaar größer als bei Reizung mit einem Einzelimpuls, da das jeweils folgende Potential sich mit dem *abklingenden* Potential des ersten Impulses summiert (s. S. 632); Q steigt mit der Vergrößerung der Impulszahl pro Impulsgruppe bis zur Menge der „HNZ“ an. Dies zeigt Abbildung 4. Die Elektrizitätsmengen liegen für diphasische Impulse über denen für monophasische. Bei anodisch beginnenden Wechselimpulsen sind sie größer als bei kathodisch beginnenden, obwohl hier mit einer Frequenz von 7,5 kHz gereizt wurde, bei der die Wechselimpulse fast zu Mäanderform zusammengerückt sind (Einsatzbild).

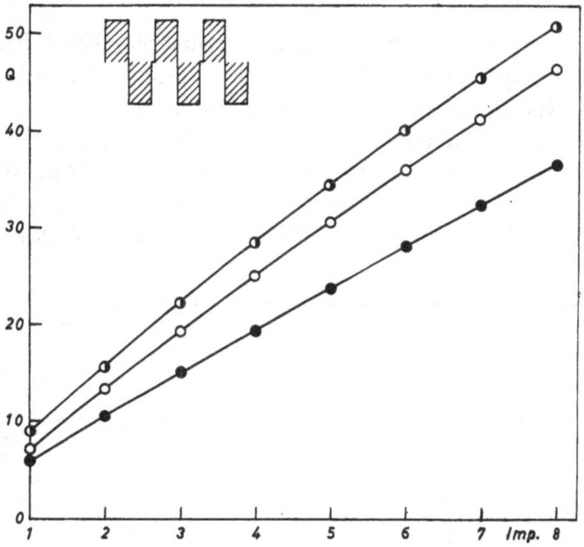

Abb. 4. Elektrizitätsmengen bei Reizung mit Einzelimpulsen und Impulsgruppen verschiedener Länge.
Reizfrequenz 7,5 kHz, fast mäanderförmig (Einsatzbild). Abszissen: Impulszahl; Ordinaten: Elektrizitätsmenge Q. Punkte wie in Abbildung 3

Es fragte sich, ob Reizintensität und Potential sich proportional zueinander verhalten. Wie Abbildung 5 zeigt, ergaben Messungen der Potentiale auf Einzelreize oder erste Impulse (von Impulsserien) hin bei verschiedenen Impulsgrößen eine annähernd lineare Abhängigkeit des lokalen Potentials von der Intensität bei kleinen Reizspannungen. Bei größerer Reizstärke, knapp unter der Schwelle, stieg das Potential etwas steiler an, die Kurve zeigt eine Biegung. Für geringe Änderungen der Reizspannung U kann man aber eine

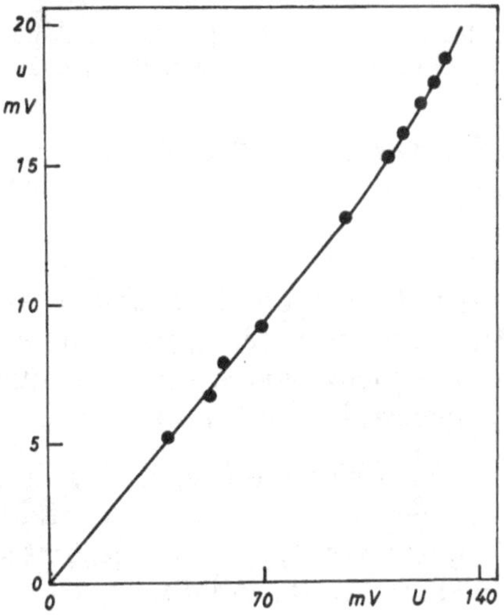

Abb. 5. Beziehung zwischen Reizintensität und lokalem Potential.
Abszissen: Reizspannung U; Ordinaten: Potential u; beide in Millivolt. Monophasische Impulse (k)

praktisch proportionale Änderung des Potentials *u* annehmen. Die Befunde wurden durch Messung der monophasischen Impulse und der kathodischen Anteile von Wechselimpulsen erhoben.

Oszillogramme mono- und diphasischer unterschwelliger Impulse wurden ausgemessen. Es zeigte sich, daß die durch monophasische Impulse hervorgerufenen Potentiale innerhalb einer Reizserie kleiner und schmaler werden; bei einem Impulsabstand von 0,5 msec (Reizfrequenz 2 kHz) ist die Amplitude nach 3—4 Impulsen um etwa 14% kleiner als die des ersten Potentials; Abbildung 6 zeigt dies. Bei höheren Frequenzen ist diese Abnahme noch stärker, wie aus Abbildung 7 hervorgeht. Die durch diphasische Impulse

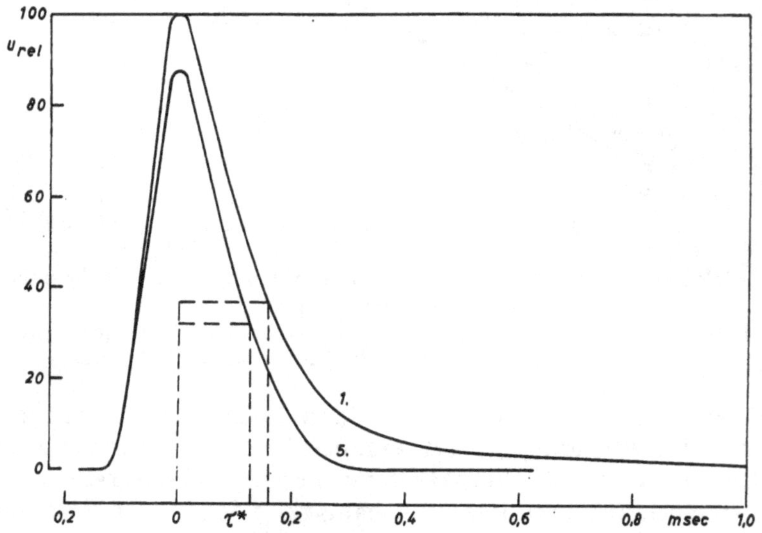

Abb. 6. Unterschwellige Potentialänderungen, Abnahme der Amplitude und der „Zeitkonstante" τ^* innerhalb einer Reizserie gleich starker monophasischer Impulse von 2 kHz.

Abszissen: Zeit; Ordinaten: Potential *u* in Prozent des 1. Potentials. 1. und 5. Potential

(*k—a*) hervorgerufenen Potentiale ändern innerhalb einer Reizserie ihre Amplitude nur wenig, von Spitze zu Spitze gemessen nehmen sie bei einer Reizfrequenz von 2 kHz um etwa 5% ab, die Abnahme scheint wenig frequenzabhängig zu sein.

Es erhebt sich die Frage, ob sich aus den frequenzabhängigen Beziehungen zwischen Schwellenreizstärke und Impulszahl, wie sie in Abbildung 2 für eine Frequenz von 7,5 kHz dargestellt sind, das Abklingen der lokalen Potentialänderung ermitteln läßt.

Abb. 7. Abnahme der lokalen Potentiale innerhalb von Reizserien monophasischer Impulse (k).

Abszissen: Impulsabstände und Reizfrequenzen; Ordinaten: relative Schwellenspannung (die des ersten Impulses = 1) und relativer Widerstand R_M des Schnürrings. Schwarze Punkte und ausgezogene Kurve: gemessene Spannung der jeweils fünften Impulse; gestrichelte Kurve: $u_{rel} \triangleq R_{rel}$ nach Formel (3)

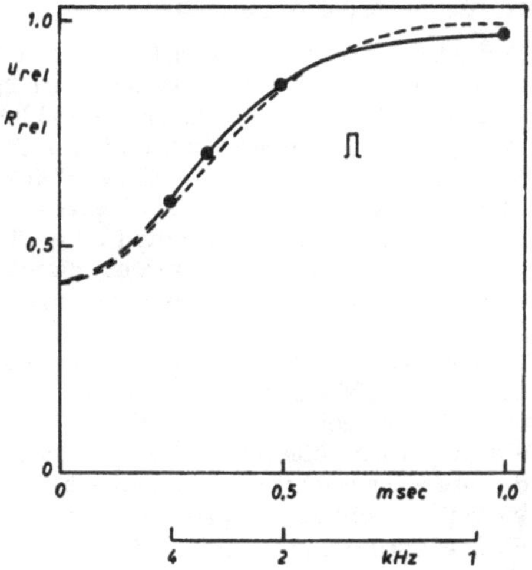

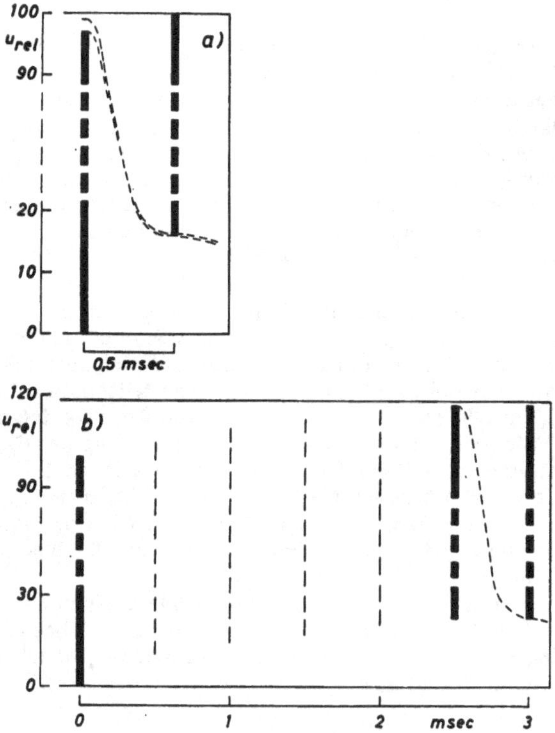

Abb. 8. Abtasten eines abklingenden lokalen Potentials.

a) zwei lokale Potentiale, durch monophasische Impulse (k) im Abstand von 0,5 msec hervorgerufen. Zur Nachwirkung des ersten Potentials addiert sich das zweite.

b) Gruppe lokaler Potentiale, durch Wechselimpulse ($k-a$) im Abstand von 0,5 msec hervorgerufen. Zur Nachwirkung des letzten Potentials der Gruppe addiert sich das folgende.

Abszissen: Zeit; Ordinaten: Potential; a) Schwelle = 100, b) Schwelle = 118

II. Methodik der Auswertung

Der Abstand der Impulse ist der Reizfrequenz umgekehrt proportional. Mit einem zweiten Impuls, in verschiedenem zeitlichen Abstand nach einem ersten gesetzt, läßt sich die Abklingkurve abtasten. Abbildung 8a zeigt ein Beispiel: der Abstand zweier monophasischer Impulse beträgt 0,5 msec (Reizfrequenz 2 kHz). Wenn mit dem zweiten Impuls ein Aktionspotential ausklinken soll, müssen beide die relative Intensität 97 haben (Schwellenintensität eines einzigen Impulses = 100). Das durch den zweiten Impuls verursachte lokale Potential muß durch Summation mit der Nachwirkung des ersten „auf 100 gehoben" werden, damit es ein Aktionspotential auslösen kann. Der zweite Impuls bringt ein um 14% kleineres Potential hervor, es addiert sich zu einer Nachwirkung des ersten Impulses, die in einer zunächst unbekannten Kurve abfällt und zu diesem Zeitpunkt die Amplitude 16 aufweist. Die Schwellenintensität der Impulse ist frequenzabhängig, sie bewegt sich bei Impulspaaren zwischen 96,1 und 90%, wie sich aus den $i-t$-Kurven (SCHWARZ und VOLKMER [1]) ablesen läßt. Nach Berechnung der Restgröße (hier 16) wurde der erste Impuls auf 99% der Schwelle erhöht und die Höhe der Nachwirkung entsprechend vergrößert; die beiden gestrichelten Abklingkurven in Abbildung 8a sollen dies andeuten.

Hierbei wird vorausgesetzt, daß Reizintensität und lokales Potential einander proportional sind. Aus Abbildung 5 scheint mir hervorzugehen, daß dies annähernd zutrifft.

Die Akkommodation ist als relativ langsamer Vorgang nicht berücksichtigt worden. Sie kann nach HILL [4] bei kurzer Reizdauer bis 0,5 msec (bei 10 °C) vernachlässigt werden, da ihre Zeitkonstante 50 bis 100 mal länger als die der Erregung ist.

Während des Ablaufs einer Impulsgruppe von der Dauer der „Hauptnutzzeit" kommt es zur Summation mit dem Erfolg, daß das vom letzten Impuls hervorgerufene lokale Potential die Schwelle zum Ausklinken eines Aktionspotentials erreicht. Es ist nun möglich, mit einem weiteren Impuls, der dem letzten, zur Impulsgruppe der „HNZ" gehörenden, folgt, die Abklingkurve des lokalen Potentials am Ende der „HNZ" abzutasten, wenn dafür gesorgt wird, daß die Impulsgruppe der „HNZ" knapp unterschwellig bleibt.

Abbildung 8b zeigt dies an einem Beispiel: Eine Gruppe diphasischer Impulse ($k-a$, 2 kHz) würde mit der Amplitude 100,8 mit dem 6. Impuls das lokale Potential die Schwelle = 118 erreichen lassen und ein Aktionspotential ausklinken. Die Impulse werden auf 99% dieser Amplitude, also auf 99,7 eingestellt, damit das letzte Potential gerade unter der Schwelle bleibt. Ein nach weiteren 0,5 msec folgender Impuls ruft ein gleich großes Potential hervor, das sich zur Nachwirkung des 6. Impulses addiert. Hierbei wird angenommen, daß der Rückgang des „Hochbuckelns" (Abb. 14 und 20) allmählich erfolgt und sich über mehrere Impulse erstreckt. Ferner sind die vom zweiten und den folgenden Impulsen erzeugten Potentiale, wie oben mitgeteilt, um etwa 5% niedriger als das erste (94,7). Das 6. Potential ist nach 0,5 msec auf 22,0 abgesunken; dies wird mit Hilfe des 7. Impulses abgetastet.

Von Oszillogrammen weit unterschwelliger Potentiale wurden mit Hilfe des Dokumator-Lesegerätes (VEB Carl Zeiß, Jena) die Koordinaten abgelesen und aus einer großen Zahl von Oszillogrammen wurde durch Errechnen der Mittelwerte ein repräsentatives unterschwelliges Potential $u_p(t)$ konstruiert.

Ergebnisse II.

Die durch monophasische Impulspaare abgetastete Abklingkurve der lokalen Erregung ergab die Kurve $u(t)$ in Abbildung 9. Das lokale Potential, das fast die Schwelle erreicht hat, kehrt weniger steil, langsamer auf sein Ausgangsniveau zurück als die weit unterschwellige, nur passive Potentialänderung $u_p(t)$ 1 des ersten Impulses.

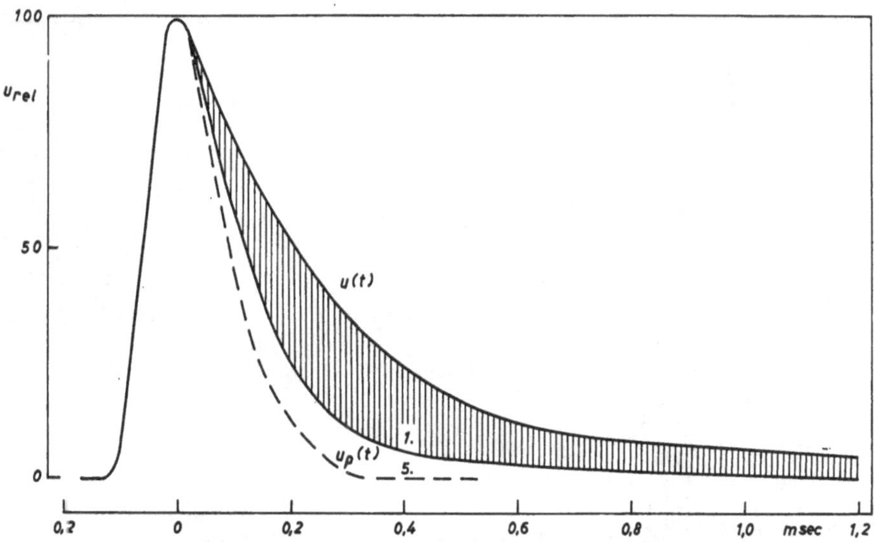

Abb. 9. Lokale Potentialänderung nach einem monophasischen Impuls. Abszissen: Zeit; Ordinaten: lokales Potential (Schwelle für das Ausklinken eines Aktionspotentials = 100). $u(t)$ = Abklingkurve des knapp unterschwelligen Potentials; $u_p(t)$ = Potentiale bei weit unterschwelliger Reizspannung $U(t)$, durch einen Faktor vergrößert; 1., 5. = Potential $u_p(t)$ nach dem ersten und fünften Impuls. Schraffierte Fläche: aktiver Potentialanteil nach dem ersten Impuls

In gleicher Weise wurde mit diphasischen Impulsen verfahren. Die Potentiale nehmen im Verlauf einer Impulsserie nur wenig ab und verschmälern sich auch nicht. Die mit Hilfe des zweiten Wechselimpulses abgetastete Nachwirkung des ersten ergab die Kurve $u(t)$ 1 in Abbildung 10. Das lokale Potential hat eine ganz andere Form als die passive Potentialänderung $u_p(t)$.

Abbildung 11 zeigt eine Gruppe monophasischer Impulse, der dritte löst ein Aktionspotential aus. Das zweite, knapp unterschwellige lokale Potential klingt träger ab als das erste; der Unterschied zwischen beiden entspricht dem der in Abbildung 9 gezeichneten Potentiale $u_p(t)$ 1 und $u(t)$. Abbildung 12 zeigt eine Reihe diphasischer Einzelimpulse und die durch sie ausgelösten Potentialänderungen. Der Unterschied zwischen dem nur passiv verformten Potential *a* und dem lokalen Potential *e* entspricht dem der in Abbildung 10 wiedergegebenen Potentiale $u_p(t)$ und $u(t)$ 1. Die Übereinstimmung der errechneten Potentiale $u(t)$ mit den Oszillogrammen spricht für die Richtigkeit der Annahmen, die der Auswertung zugrunde liegen.

Die nach dem Beispiel der Abbildung 8b abgetastete Abklingkurve der lokalen Erregung ergab für monophasische Impulse die Kurve $u(t)$ in Abbildung 9, also dieselbe, die mit Impulspaaren erhalten worden waren. Das allmählich auf sein Ausgangsniveau zurückkehrende lokale Potential unterscheidet sich aber noch mehr von der weit unterschwelligen, nur passiven Potentialänderung $u_p(t)$ 5 eines fünften Impulses (mit kleinerer Zeitkonstante; s. S. 638). Für Wechselimpulse ergab sich die Kurve $u(t)$ „HNZ“ in Abbildung 10.

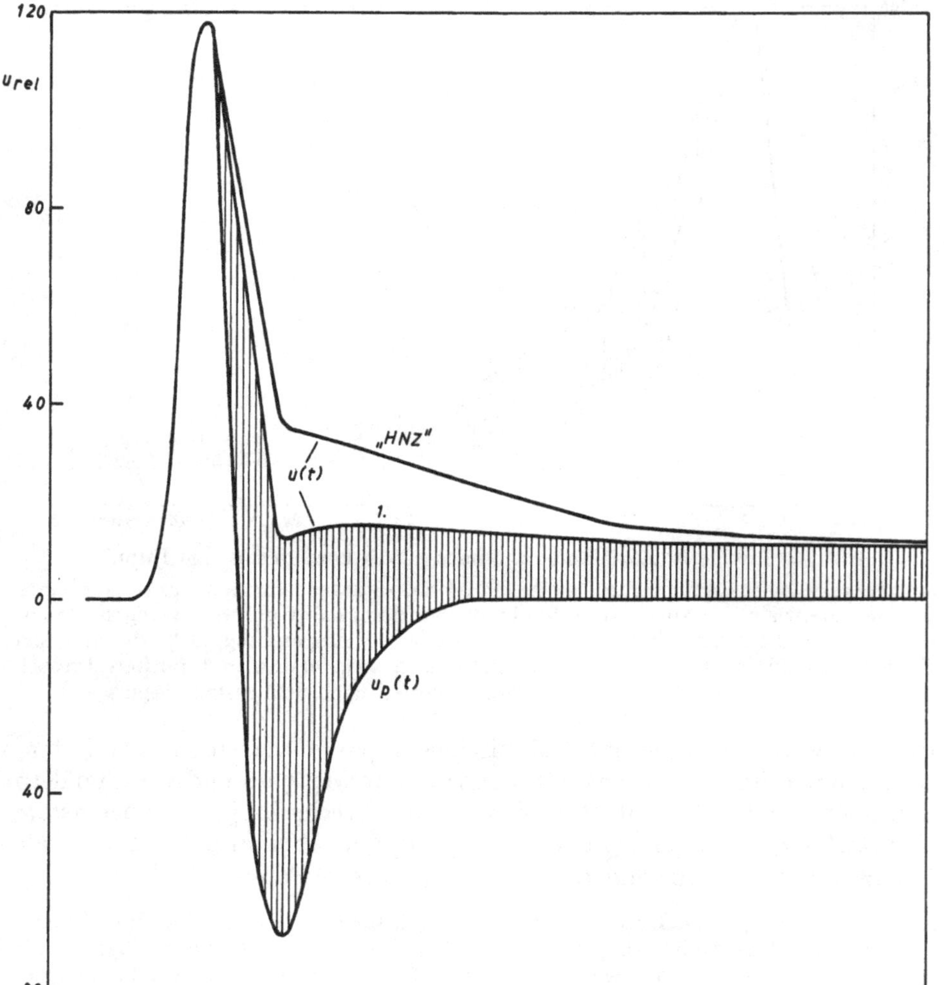

Abb. 10. Lokale Potentialänderung nach einem Wechselimpuls ($k-a$). Abszissen: Zeit; Ordinaten: lokales Potential (Schwelle für das Ausklinken eines Aktionspotentials = 118). $u(t)$, $u_p(t)$ und aktiver Potentialanteil wie in Abbildung 9; 1. = Abklingen nach dem ersten Impuls; „HNZ" = Abklingen nach dem letzten Impuls der „HNZ"-Impulsgruppe

Das lokale Potential unterscheidet sich sehr von der passiven Potentialänderung $u_p(t)$ und auch von der mit Impulspaaren ermittelten Abklingkurve $u(t)$ 1, es ähnelt dem Potential f in Abbildung 12. Auch hier spricht die Übereinstimmung des errechneten Potentials $u(t)$ mit dem Oszillogramm für die Richtigkeit der Überlegungen.

Die Abklingkurven $u(t)$ in den Abbildungen 9 und 10 unterscheiden sich von den Potentialschwankungen $u_p(t)$ durch aktive Anteile. Zur Ermittlung dieser aktiven Potentialanteile $u_a(t)$ wurde $u_p(t)$ von $u(t)$ subtrahiert, denn es interessiert die Formveränderung des lokalen Potentials über die passive Verformung hinaus.

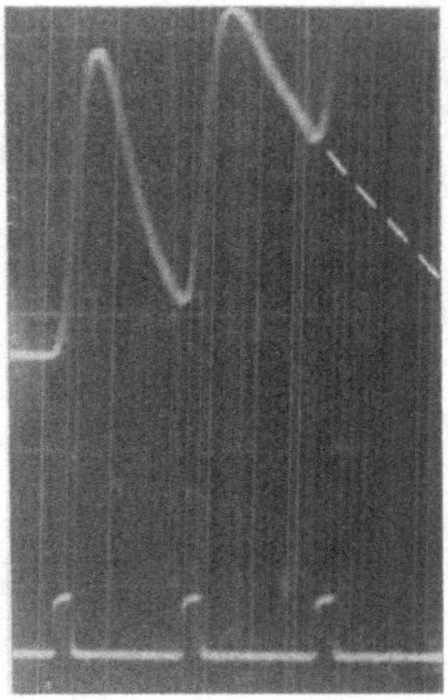

Abb. 11. Gruppe monophasischer Impulse einer Frequenz von 2 kHz, oben abgeleitete Potentiale. Der 3. Impuls löst ein Aktionspotential aus. Die gestrichelte Kurve deutet an, wie das lokale Potential des 2. Impulses etwa abgeklungen wäre, wenn der 3. nicht gefolgt wäre

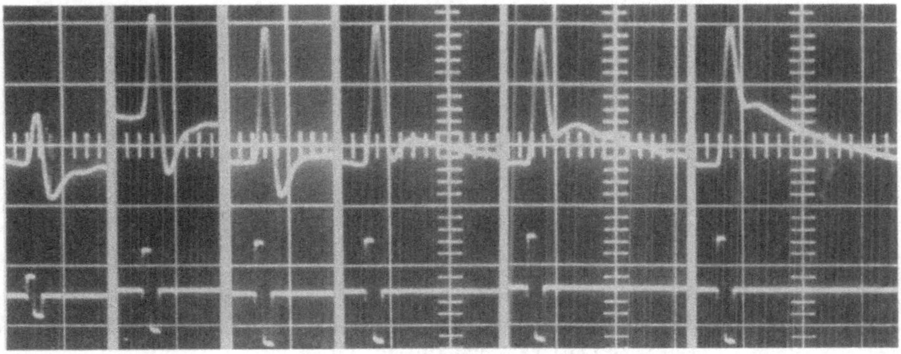

a b c d e f

Abb. 12. Diphasische Einzelimpulse, oben abgeleitete Potentiale.
a) weit unterschwellig, nur passiv verformt; b) bis f) zunehmende Verformung durch aktive Potentialanteile

Das passiv verformte Potential eines weit unterschwelligen Impulses war in Richtung der Ordinate vergrößert worden, weil ja der stärkere Impuls, der ein knapp unterschwelliges lokales Potential hervorruft, auch eine höhere passive Potentialänderung verursacht, wie der Vergleich zwischen Abbildung 12a und b zeigt (b enthält schon einen geringen aktiven Anteil, wie das Verhältnis der Amplituden in kathodischer und anodischer Richtung erkennen läßt). Die aktiven Anteile, die mit Hilfe von Impulspaaren nach Abbildung 8a ermittelt wurden, sind in den Abbildungen 9 und 10 schraffiert wiedergegeben.

Abbildung 13 zeigt die aktiven Potentialanteile $u_a(t) = u(t) - u_p(t)$. Die Kurven $u_a(t)$ beginnen mit der Steigung Null, weil die Kurven $u(t)$ und $u_p(t)$ in Abbildung 9 und 10 jeweils mit gemeinsamer Tangente beginnen. Bei Reizung mit *monophasischen Impulsen* steigt $u_a(t)$ allmählich an und erreicht eine geringe Höhe. Wenn sich die Potentiale einer „HNZ"-Impulsgruppe bis knapp unter die Schwelle summieren, muß offenbar ein größerer aktiver Anteil aufgebaut werden, als wenn schon der erste Impuls fast die Schwelle erreicht. Da die Abklingkurven $u(t)$ beider Versuche gleich sind, wird dieser Unterschied durch die „schlankere" passive Potentialänderung (mit kleinerer Zeitkonstante) am Ende der „HNZ"-Gruppe hervorgerufen (5.).

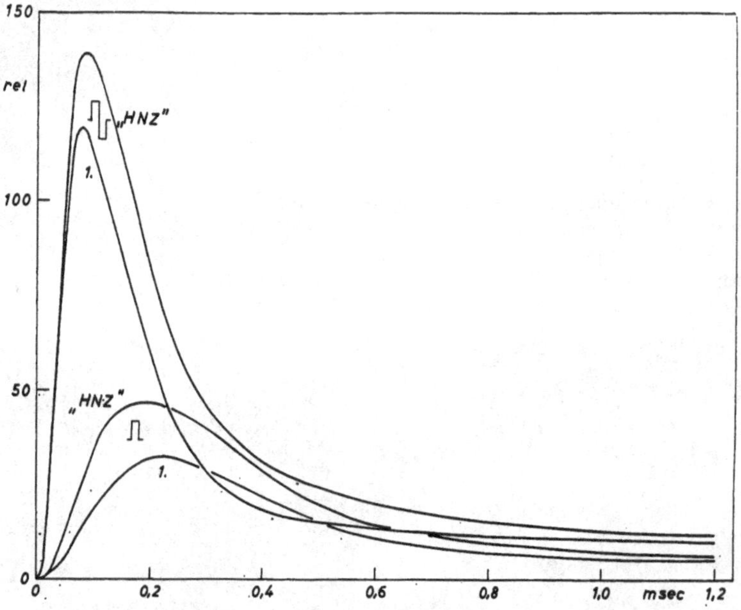

Abb. 13. Aktive Potentialanteile bei Reizung mit mono- und diphasischen Impulsen. Abszissen: Zeit; Ordinaten: aktive Potentialanteile, bezogen auf die Schwelle des monophasischen Impulses $u = 100$

Der aktive Anteil steigt bei Reizung mit *Wechselimpulsen* steil an, erreicht eine beträchtliche Höhe und fällt schnell wieder ab. Auch hier baut sich bei der Summation über eine „HNZ"-Impulsgruppe ein größerer aktiver Potentialanteil auf als bei Reizung mit einem einzigen Impuls. Da $u_p(t)$ für den ersten Impuls und den letzten der „HNZ"-Impulsgruppe gleich ist, erhöht der größere aktive Anteil das gesamte Potential $u(t)$ am Ende der „HNZ"-Impulsgruppe.

Die Summation lokaler Potentiale führt bei Reizung mit unterschwelligen *monophasischen* Impulsen zum „Hochbuckeln" (Abb. 14a). Auch bei einer überschwelligen Impulsserie kann dies geschehen (Abb. 14b): Einige Zeit nach dem Ausklinken des Aktionspotentials kommt es zum „Hochbuckeln".

Auch bei Reizung mit unterschwelligen *diphasischen* Impulsen (*k—a* und *a—k*, SCHWARZ und VOLKMER [1]: Abb. 14 und 16) kommt es zum „Hochbuckeln", und die gleichen Summationserscheinungen beobachtet man bei Reizung mit überschwelligen Wechselimpulsen; in Abbildung 14c folgen den beiden Aktionspotentialen mehrere „Buckel".

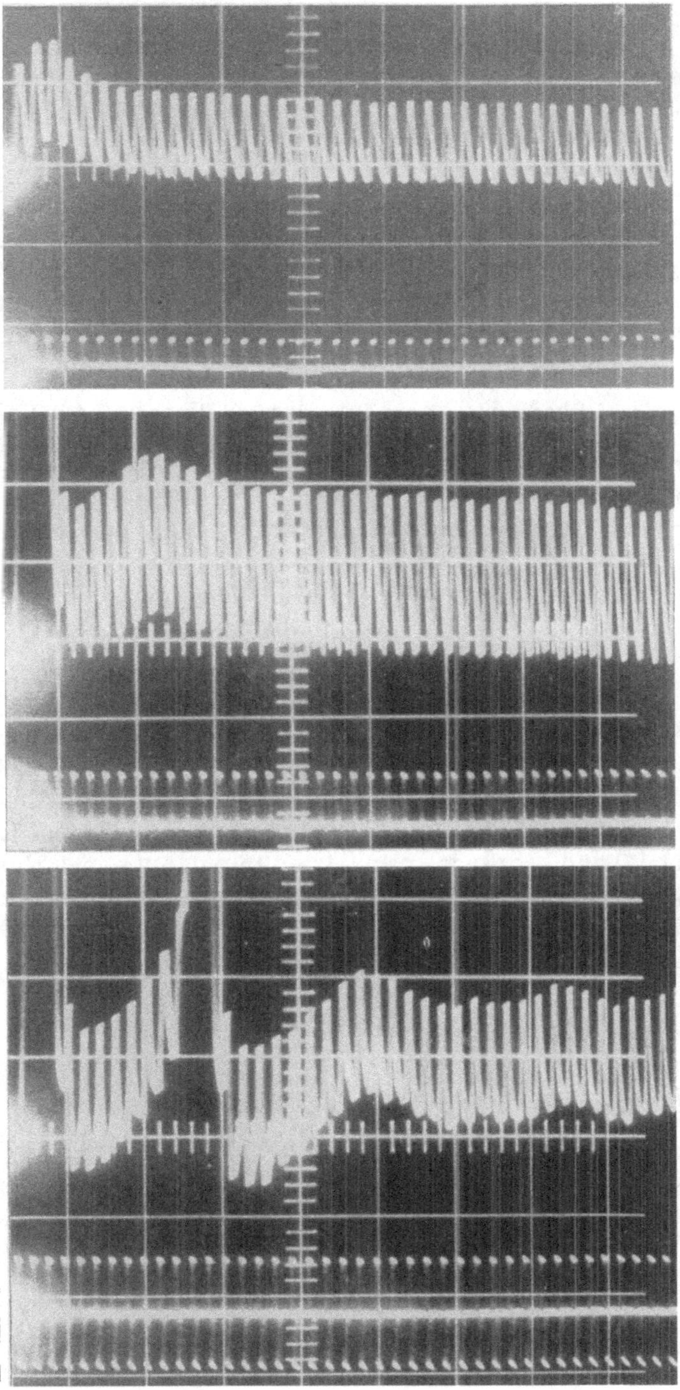

a b c

Abb. 14. Impulse einer Frequenz von 2 kHz verursachen „Hochbuckeln“.

Oben abgeleitete Potentiale. a) und b) monophasische Impulse; a) unterschwellig, b) überschwellig; c) diphasische Impulse (*k*—*a*), überschwellig

Mathematische Untersuchung

Die Kurven $u_a(t)$ in Abbildung 13 fordern zu einer mathematischen Analyse auf. Sie setzen sich offenbar aus einer Potenzfunktion und einer Exponentialfunktion zusammen, so daß sich der Ansatz

$$u_a = \alpha\, t^p \cdot e^{-f(t)} \tag{1}$$

anbietet. Wie aus Abbildung 6 hervorgeht, werden die durch monophasische Impulse hervorgerufenen Potentiale innerhalb einer Reizserie schmaler. Man kann dies damit deuten, daß die Form des lokalen Potentials von der Zeitkonstante τ der erregbaren Membran abhängt und daß τ innerhalb einer Serie monophasischer Impulse kleiner wird: τ^* (das Maß für den Rückgang der Erregung) des fünften Potentials ist kleiner als τ^* des ersten.

Die Bestimmung der Zeitkonstante ist nur bei exponentiell verlaufenden Vorgängen gestattet. Trotzdem scheint mir hier die Angabe von τ^* als Maß für den Rückgang der Erregung analog der Zeitkonstante brauchbar und erlaubt zu sein; sie führt zu experimentell bestätigten Überlegungen, wie Abbildung 15 zeigt[1].

Nach Einführung der Zeitkonstante τ erhält der Ansatz (1) die Form

$$u_a = \alpha\, t^p \cdot e^{-\frac{t}{\tau(t)}} \tag{2}$$

Die Zeitkonstante τ ist sicherlich vom komplexen Widerstand $\mathfrak{R}$ der erregbaren Membran abhängig ($\tau = R\,C$). Wie aus Abbildung 7 hervorgeht, ist das lokale Potential u der späteren Impulse innerhalb einer Reizserie gegenüber dem ersten Potential verkleinert und nimmt mit zunehmendem Impulsabstand zu. Da die Reizspannung U während der Impulsserie konstant bleibt, läßt sich die Abnahme von u nur mit einer Abnahme des Membranwiderstandes R_M deuten (Abb. 19a). R nimmt mit zunehmendem Impulsabstand zu (Abb. 7) und kehrt nach dem letzten Impuls auf seinen Ruhewert zurück. Die Zeitkonstante muß sich ebenso verhalten, wenn man annimmt, daß die Kapazität C der Membran bei Erregung kleiner wird oder sich nicht ändert. Die Änderung des Membranwiderstandes (Abb. 7) läßt sich durch die Formel

$$R_{\text{rel}} = 1 - 0{,}58\, e^{-5{,}4\, t^2} \quad [t] = \text{msec} \tag{3}$$

interpretieren.

Es lag nahe, für $\tau(t)$ in (2) eine zu (3) analoge Funktion einzusetzen:

$$\tau = b - c \cdot e^{-g t^{\gamma}}, \tag{4}$$

so daß der Ansatz (2) in

$$u_a = \alpha\, t^p \cdot \exp\left[-\frac{t}{b - c \cdot \exp(-g t^{\gamma})}\right] \tag{5}$$

übergeht.

[1] Man hätte auch statt τ^* die Halbwertszeit, die für jede Form des Abklingens gilt, nehmen können, doch wäre dann der Übergang zu τ weniger leicht überschaubar gewesen.

Nach dieser Formel ließ sich als Beispiel ein Kurvenverlauf für u_a nach dem ersten monophasischen Impuls berechnen, der sich für $0 \leqq t \leqq 0{,}7$ msec eng an die experimentell gefundene Kurve für u_a anschmiegt. Abbildung 15a zeigt dies ($\alpha = 6{,}5 \times 10^4$ mV · msec$^{-2{,}8}$; $p = 2{,}8$; $b = 0{,}1$ msec, $c = 0{,}035$ msec; $g = 2{,}2$ msec^{-2}; $\gamma = 2$).

Die Berechnung der Kurven $u_a(t)$ in Abbildung 13 nach der Formel (5) ist langwierig. Sie läßt sich vereinfachen, wenn man eine lineare Zeitabhängigkeit von τ annimmt:

$$\tau = q\,(1 + r\,t)\,. \tag{6}$$

Damit geht der Ansatz (2) in

$$u_a = \alpha\, t^p \cdot \exp\left[-\frac{t}{q(1 + r\,t)}\right] \tag{7}$$

über. Nach dieser Formel lassen sich die Kurven der Abbildung 13 leicht berechnen: Differentiation von (7) ergibt

$$\dot{u}_a = \left(\frac{p}{t} - \frac{1}{q\,(1 + r\,t)^2}\right) u_a \tag{8}$$

und für t_0, den Zeitpunkt des Maximums der Kurve u_a oder des Nulldurchgangs der Kurve $\dot{u}_a$ (Abb. 15),

$$p - \frac{t_0}{q\,(1 + r\,t_0)^2} = 0 \tag{9}$$

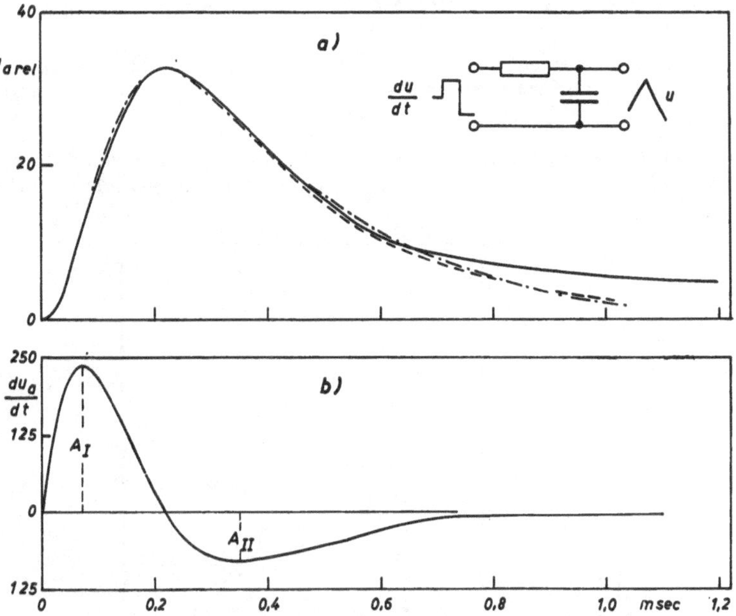

Abb. 15. Aktiver Potentialanteil bei Reizung mit einem monophasischen Impuls. Abszissen: Zeit; Ordinaten: a) wie Abb. 13; b) Ableitung nach der Zeit, $\dot{u}_a$. Ausgezogene Kurven experimentell ermittelt, strichpunktierte Kurve nach Formel (5), gestrichelte Kurve nach Formel (7).

A_I, A_{II}: 1. und 2. Extremwert. Einsatzbild: Die erregbare Membran als Integrierglied; aus du/dt wird u

und

$$q = \frac{t_0}{p\,(1 + r\,t_0)^2}\,. \tag{9'}$$

Durch Einsetzen von q in (7) mit den in Abbildung 13 abgelesenen Maximalwerten von u_a läßt sich α berechnen. Für p und r mußten passende Werte angenommen werden: p war für alle 4 Kurven 2,8; die Zahlenwerte für r sind in Tabelle 1 aufgeführt. Aus $q \cdot r$ läßt sich der lineare Anstieg von τ nach dem letzten Impuls ablesen, wie aus Tabelle 1 hervorgeht: Der Anstieg $q \cdot r$ ist bei diphasischen Impulsen größer als bei monophasischen.

Tabelle 1

Linearer Anstieg der Zeitkonstante nach Formel (6)

Impulse		r	$q \cdot r$
monophasisch	1. Impuls	0,67	0,040
	letzter „HNZ"-Imp.	1,2	0,054
diphasisch	1. Impuls	3	0,056
	letzter „HNZ"-Imp.	3,3	0,061

Anmerkung: $[r] = \text{msec}^{-1}$; $[q] = \text{msec}$; $q \cdot r$ = dimensionslos

In Abbildung 16 ist der lineare Anstieg von τ nach dem letzten monophasischen Impuls der „HNZ"-Gruppe dargestellt. Die Gültigkeit der Gleichung (7) erstreckt sich über den Bereich des Anstiegs bis zum Erreichen des Ruhewertes 1.

Daß die Annahme eines linearen Anstiegs von τ eine gute Annäherung an den Anstieg nach (4) ergibt, zeigt die für die monophasische „HNZ"-Gruppe eingezeichnete Kurve

$$\tau = 1 - 0{,}53\, e^{-2{,}7\, t^2} \qquad [t] = \text{msec}\,. \tag{4'}$$

Die Kurve nach (7) ist ebenfalls in Abbildung 15a eingezeichnet worden; im Bereich $0 \leqq t \leqq 0{,}7$ msec schmiegt sie sich eng an die experimentell gefundene und die nach (5) erhaltene Kurve an.

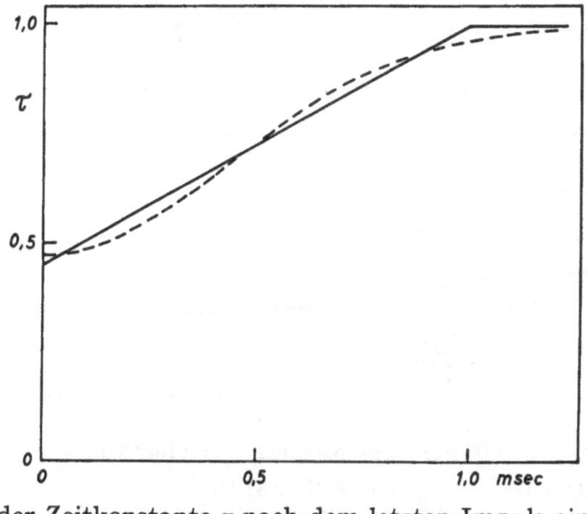

Abb. 16. Anstieg der Zeitkonstante τ nach dem letzten Impuls einer monophasischen „HNZ"-Impulsgruppe.

Abszissen: Zeit; Ordinaten: $\tau(t)$, Ruhewert = 1. Ausgezogene Kurve nach Formel (6), gestrichelte Kurve nach Formel (4')

Die graphische Differentiation (BRONSTEIN und SEMENDJAJEW [5]) der Kurve u_a in Abbildung 15a und die Berechnung nach (8) ergab die Kurve u_a in Abbildung 15b.

Es fragte sich, welche Elektrizitätsmenge der „Generator" der erregbaren Membran (SCHWARZ und VOLKMER [1], Abb. 12) auf einen Impuls hin, der fast die Schwelle erreicht, produziert. Die Menge läßt sich nach dem Ansatz

$$Q_M(t) = \int_0^t \frac{u_a(\vartheta)}{R(\vartheta)}\, d\vartheta \tag{10}$$

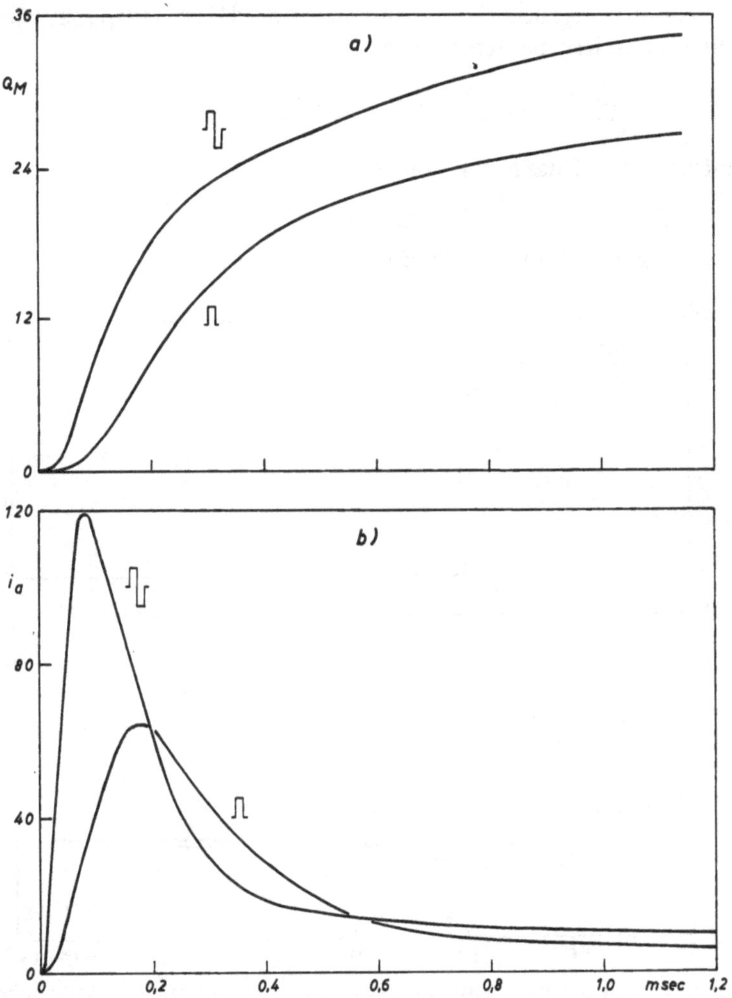

Abb. 17. Elektrizitätsmengen (*a*) und Stromstärken (*b*), aus dem aktiven Potentialanteil u_a nach einem Impuls berechnet.

Abszissen: Zeit; Ordinaten: Elektrizitätsmenge nach Formel (10) und Stromstärke u_a/R. Kurven für den monophasischen und diphasischen ($k-a$) Impuls berechnen. Für monophasische Impulse wurden die relativen Widerstandswerte aus Abbildung 7 entnommen, für diphasische Impulse konnten die Werte u_a der Abbildung 13 als Stromstärke i_a genommen werden, da sich R praktisch nicht ändert (Abb. 19b). Der Verlauf der relativen, durch den „Generator" erzeugten Stromstärke i_a nach dem ersten monophasischen und diphasischen Impuls ist in Abbildung 17b dargestellt worden.

Die graphische Integration von i_a (BRONSTEIN und SEMENDJAJEW [5]) ergab die Kurven Q_M der Abbildung 17a. Die Elektrizitätsmenge ist bei Reizung mit einem Wechselimpuls größer als bei Reizung mit einem monophasischen Impuls. Dasselbe ergibt sich bei Reizung mit „HNZ"-Impulsgruppen. Der Unterschied zwischen beiden beträgt

$$\varDelta(t) = Q_{M(k-a)} - Q_{M(k)} = \int_0^t (i_{a(k-a)} - i_{a(k)})\, d\vartheta \,, \tag{11}$$

die Ableitung von $\varDelta$ nach der Zeit ist

$$\dot{\varDelta} = i_{a(k-a)} - i_{a(k)} \,. \tag{12}$$

Abbildung 18 zeigt $\varDelta$ und $\dot{\varDelta}$ für *einen* Impuls.

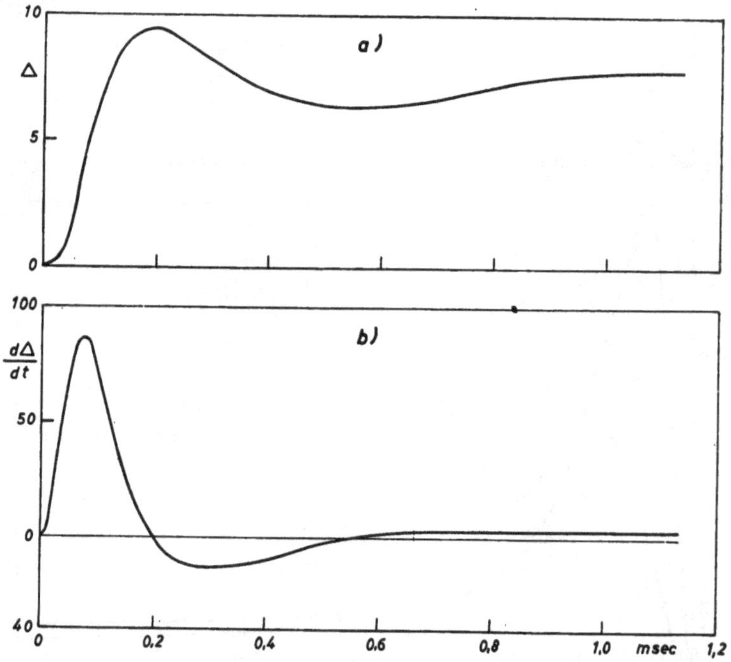

Abb. 18. Differenz $\varDelta$ der nach einem monophasischen und einem diphasischen $(k-a)$ Impuls erzeugten Elektrizitätsmengen (a) und Ableitung der Differenz $\varDelta$ nach der Zeit = Differenz der Stromstärken beider Impulse (b).

Abszissen: Zeit; Ordinaten: Elektrizitätsmengen nach Formel (11) und ihre Ableitung nach Formel (12)

Diskussion

Das Kleinerwerden der Potentiale im Verlauf einer Serie *monophasischer* Impulse läßt sich mit einer zunehmenden „Auflockerung" der Membran durch Depolarisation deuten. Wenn dadurch der Membranwiderstand R_M in Abbildung 19a kleiner wird, muß der an dem Spannungsteiler $R_K + R_M$ abgegriffene Teil $u(t)$ von $U(t)$ ebenfalls kleiner werden. Durch Abnahme von R_M muß sich auch die Zeitkonstante verkleinern (Abb. 6): es kommt zu einer Verschmälerung des Potentialverlaufs $u(t)$.

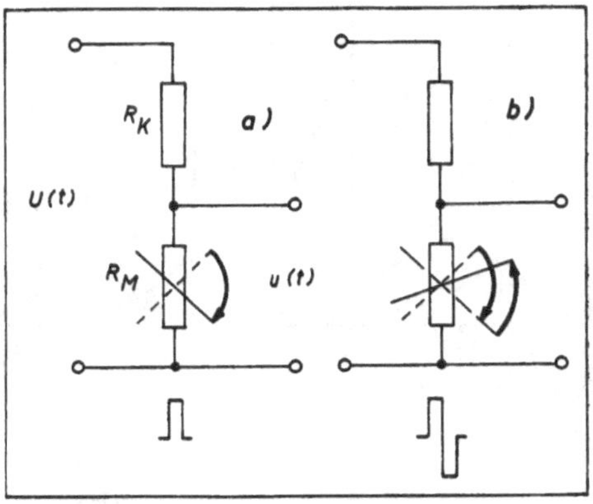

Abb. 19. Äquivalentschaltbild zur Nervenfaser (vereinfacht). R_K = Kernwiderstand; R_M = Membranwiderstand des Schnürrings, durch Depolarisation verkleinert (*a*) und anschließende Repolarisation wieder vergrößert (*b*); $U(t)$ = Reizspannung; $u(t)$ = abgeleitetes Potential

Die durch *diphasische* (*k—a*) Impulse hervorgerufenen Potentiale ändern innerhalb einer Reizserie Form und Amplitude kaum. Abbildung 19b deutet dies an: nachdem der Membranwiderstand R_M in der kathodischen Phase kleiner geworden ist, nimmt er in der folgenden anodischen Phase durch Repolarisation wieder zu; die Zeitkonstante ändert sich nicht.

Wie Abbildung 13 zeigt, erreicht der aktive Potentialanteil $u_a(t)$ bei Reizung mit diphasischen (*k—a*) Impulsen eine größere Höhe als bei Reizung mit monophasischen Impulsen. Dies läßt sich damit deuten, daß durch den anodischen Impuls, der jedem kathodischen folgt, eine Repolarisation stattfindet, gegen die die Summation durch einen größeren aktiven Anteil erfolgen muß. Dies macht es auch verständlich, daß sich bei Reizung mit Wechselimpulsen die Summation über eine erheblich größere Zahl von Impulsen erstreckt als bei Reizung mit monophasischen Impulsen, wenn mit Impulsgruppen von der Dauer der „Hauptnutzzeit" gereizt wird (Abb. 1): Der aktive Potentialanteil wird in einer größeren Zahl von Schritten zu größerer Höhe aufgebaut, um das Ausklinken eines Aktionspotentials auch gegen den anodischen Impuls, der dem letzten kathodischen folgt, zu ermöglichen.

Bei anodischem Beginn der Wechselimpulse können die lokalen Potentiale, die dem ersten folgen, eine größere Amplitude bekommen (SCHWARZ und VOLKMER [1], Abb. 6). Dies spricht für eine rhythmische Hyperpolarisation, die jeweils vom unmittelbar folgenden kathodischen Impuls rückgängig gemacht werden muß. Ein aktiver Potentialanteil baut sich auf und es kommt schließlich zum Ausklinken eines Aktionspotentials. Der „Genera-

tor" der Membran (SCHWARZ und VOLKMER [1], Abb. 12) vermag also auch gegen eine „verdichtete" Membran aktive Anteile zu erzeugen.
Die Summation lokaler Potentiale führt bei Reizung mit unterschwelligen *monophasischen* Impulsen zum „Hochbuckeln" (Abb. 14a). Die Rückkehr annähernd auf das Ausgangsniveau läßt sich mit einer Verkleinerung der Zeitkonstante erklären. In Abbildung 20 ist dies schematisch dargestellt

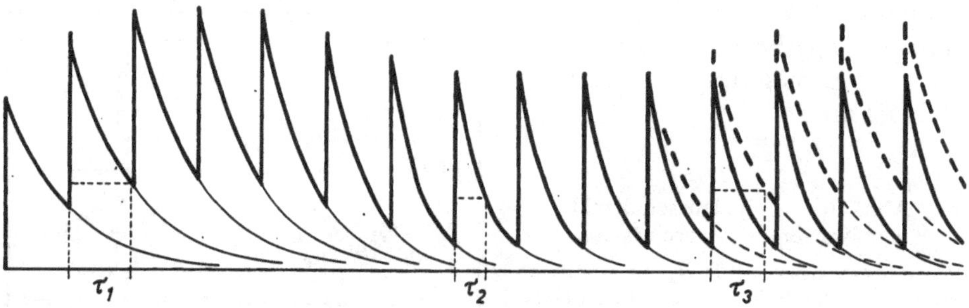

Abb. 20. Schematische Darstellung des „Hochbuckelns" als Folge einer Veränderung der Zeitkonstante τ

worden: τ_2 ist kürzer als τ_1. Wird τ wieder länger (τ_3, gestrichelte Kurven), dann kommt es zu einem erneuten „Hochbuckeln" wie in Abbildung 14c. Man könnte daraus schließen, daß die Membran nach dem „Hochbuckeln" in einem Zustand der „Auflockerung", der „Kathodendepression" verharrt, solange die Impulse einwirken. Die gleiche Deutung läßt sich auch auf das „Hochbuckeln" bei Reizung mit *Wechsel*impulsen anwenden. Demnach unterhalten die mittelfrequenten Wechselimpulse eine unterschwellige Depolarisation, die schon aufgrund früherer Befunde mit sinusförmigen Wechselspannungen vermutet worden ist (SCHWARZ [6], [7]).

Die Amplituden der Wechselimpulse verhalten sich wie 1 ($k-a$):1,26 ($a-k$). Bei Reizung des Nervus ischiadicus vom Frosch mit sinusförmigen Wechselströmen hatte ich gefunden, daß halbe oder ganze Perioden mit anodischem Beginn am wirksamsten sind (SCHWARZ [3]). Auch ROSENBLUETH [8] ist zu diesem Ergebnis gekommen. WYSS [9] fand bei Versuchen am gleichen Objekt, daß der sinusförmige Wechselstrom einmal bei kathodischem, einmal bei anodischem Beginn wirksamer ist. Bei Reizung dicker motorischer Einzelfasern mit Rechteckimpulsen ergab sich bisher immer eine niedrigere Schwelle bei kathodischem Beginn (SCHWARZ und VOLKMER [1]). Vielleicht spielen die Polarisierbarkeit der Membran, die Änderung der Leitfähigkeit und Zeitkonstante und der „Generator" in ihrem Verhältnis zueinander eine Rolle.

Daß der anodische Impuls auf das beginnende Aktionspotential einwirken kann, zeigt Abbildung 21: In a hätte der zweite Impuls ohne den anodischen Teil ein Aktionspotential ausgelöst, die Repolarisation verläuft sehr zögernd; im Unterschied dazu bewirkt im Oszillogramm b der anodische Teil des zweiten Wechselimpulses eine schnelle Repolarisation, die vorausgehende Depolarisation war noch unterschwellig. Nach diesem Befund läßt sich auch der Amplitudenunterschied zwischen dem monophasischen Impuls und dem kathodischen Teil des diphasischen *k—a*-Impulses (1:1,18) verstehen: Die durch den kathodischen Impuls ausgelöste Aktivierung hat einen so trägen Verlauf, daß der unmittelbar folgende anodische Impuls Zeit hat, das lokale Potential zurückzuholen, bevor es Schwellenbedingungen geschaffen hat.

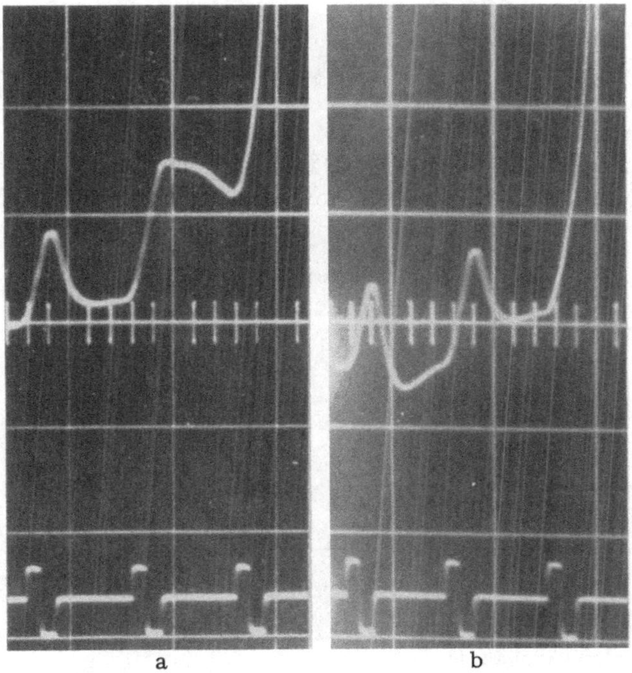

a b

Abb. 21. Wechselimpulse (*k—a*), Reizfrequenz 2 kHz, oben abgeleitete Potentiale. a) zögernde, b) schnelle Repolarisation nach dem zweiten Impuls

Diese Fähigkeit des anodischen Impulses läßt auch eine Deutung für den Befund in Abbildung 1 zu, daß bei Frequenzen über 1700 Hz mehr Wechselimpulse auf eine Impulsgruppe von der Dauer der ,,Hauptnutzzeit'' kommen, wenn der anodische Impuls vorausgeht (*a—k*), als wenn er folgt (*k—a*): Bei höherer Frequenz, also kleinerem Abstand der Wechselimpulse, ist die der Depolarisation unmittelbar vorangehende Hyperpolarisation ergiebiger als eine nachfolgende Repolarisation, so daß die Depolarisation in noch kleineren und noch mehr Schritten als bei *k—a*-Impulsen erfolgen muß. Bei niedriger Reizfrequenz, also großem Abstand der *a—k*-Wechselimpulse, ist diese Hyperpolarisation so ergiebig, daß die Nachwirkung des vorangehenden Wechselimpulses abgebrochen wird, also keine Summation mehr zustande kommt, während *k—a*-Wechselimpulse der gleichen Frequenz noch eine Summation der lokalen Potentiale hervorrufen (in Abb. 1 bei 740 Hz).
Die unterschiedliche Wirkung der Wechselimpulse kommt auch in den zum Erreichen der Schwelle benötigten Elektrizitätsmengen zum Ausdruck, wie die Abbildungen 3 und 4 zeigen: Selbst bei Mäanderform ist für die *a—k*-Wechselimpulsgruppe eine größere Elektrizitätsmenge nötig als für die *k—a*-

Gruppe. Daraus kann man schließen, daß bereits der *Beginn* der Impulsserie darüber entscheidet, wie groß die Zahl und die Amplitude der Schritte sein müssen, in denen die Summation bis zum Ausklinken des Aktionspotentials erfolgt.

Der Differentialquotient des aktiven Potentialanteils ($\dot{u}_a$) zeigt, daß ein periodischer Vorgang im Verlauf des lokalen Potentials enthalten sein könnte (Abb. 15 b). Die Dämpfung dieses periodischen Vorgangs ist bei Reizung mit Wechselimpulsen stärker als bei Reizung mit monophasischen Impulsen, wie Tabelle 2 zeigt. Die schnellere Dämpfung kommt wohl durch den anodischen Impuls zustande, der dem kathodischen unmittelbar folgt und für eine schnellere Verfestigung (Repolarisation) der Membran sorgt.

Tabelle 2

Dämpfung der periodischen Vorgänge du_a/dt und $d\Delta/dt$

Vorgang	Reiz		A_I	A_{II}	$\frac{A_I}{A_{II}}$
$\frac{du_a}{dt}$	monophasisch	1. Impuls	236	78	3,03
		letzter „HNZ“-Imp.	425	106	4,00
	diphasisch	1. Impuls	2060	493	4,17
		letzter „HNZ“-Imp.	2750	562	4,88
$\frac{d\Delta}{dt}$		1. Impuls	86	13,5	6,37
		letzter „HNZ“-Imp.	165	31	5,32

Anmerkung: A_I, A_{II} = Amplituden (Extremwerte) wie in Abbildung 15 b. A_I/A_{II} = Dämpfungsverhältnis

Daß bei Reizung mit k—a-Wechselimpulsen der anodische Impuls nicht nur die Form des passiven Teils $u_p(t)$ und damit des ganzen lokalen Potentials $u(t)$, sondern auch die Form des aktiven Anteils $u_a(t)$ beeinflußt, zeigt Abbildung 13: auch der aktive Anteil wird durch den anodischen Impuls schnell „heruntergerissen“ und kann nicht abklingen wie nach dem letzten monophasischen Impuls.

Während die Gipfelzeiten t_0 (Nulldurchgang der abgeleiteten Funktion $\dot{u}_a$) nach monophasischen Impulsen bei 0,22 msec (1. Imp.) und 0,19 msec („HNZ“) liegen, findet man nach $k-a$-Wechselimpulsen Gipfelzeiten von 0,08 msec (1.) und 0,085 msec („HNZ“)

Dieses schnelle Absinken von $u_a(t)$ hat zur Folge, daß sich die Kurven $u_a(t)$ (Abb. 13) und $i_a(t)$ (Abb. 17b) nach dem ersten monophasischen und diphasischen Impuls und die Kurven $i_a(t)$ nach dem letzten monophasischen und diphasischen Impuls der „HNZ“-Gruppe überschneiden. Daraus folgt wiederum ein periodischer Vorgang, wie er in Abbildung 18 dargestellt ist. Auch dieser Vorgang zeigt eine Dämpfung, Tabelle 2 gibt die Zahlenwerte wieder.

Die Nulldurchgänge von $\dot{\Delta}$ haben nicht den gleichen Abstand, sondern nehmen zu: t_1 liegt bei 0, t_2 bei 0,2, t_3 bei 0,55 msec; die Abstände betragen $t_2 - t_1 = 0{,}2$ msec und $t_3 - t_2 = 0{,}35$ msec.

Die Elektrizitätsmenge des aktiven Anteils am lokalen Potential ist bei Reizung mit *k—a*-Wechselimpulsen größer als nach monophasischen Impulsen. Das ist verständlich: Der „Generator" muß mehr produzieren, um gegen den anodischen, repolarisierenden Stoß eine zum Ausklinken des Aktionspotentials ausreichende Depolarisation zu erzeugen. Daß die Differenz zwischen beiden Mengen zwei Extremwerte hat, ein Maximum bei 0,2 msec und ein Minimum bei 0,55 msec, zeigt einen gedämpften periodischen Vorgang an, wie aus Abbildung 18b und Tabelle 2 hervorgeht.

Sowohl die Kurven $\dot{u}_a$ wie in Abbildung 15b als auch die Kurven $\dot{\Delta}$ wie in Abbildung 18b zeigen periodische Vorgänge, die auch in dem Verlauf von Δ erkennbar sind. Vielleicht laufen Vorgänge wie das Abklingen des aktiven Anteils am lokalen Potential in der erregbaren Membran periodisch ab, werden aber durch Integrierglieder umgewandelt und verdeckt. Die Membran weist elektrisch Widerstand und Kapazität auf, die nach Art eines Integriergliedes (Einsatzbild in Abb. 15) geschaltet sein können. Deshalb sind die Kurven $u_a(t)$ und $\dot{u}_a(t)$ in Abbildung 15 interessant. Die Differentialgleichung erster Ordnung der Kurve $u_a(t)$ lautet nach Ableitung aus Gleichung (5)

$$(b - c \cdot \exp[-g t^\gamma])^2 t \dot{u} + (b t - \{1 + \gamma g t^\gamma\} c t \cdot \exp[-g t^\gamma] - \\ - p \{b - c \cdot \exp[-g t^\gamma]\}^2) u = 0\,, \qquad (13)$$

in allgemeiner Fassung

$$\varphi(t) \dot{u} + \psi(t) u = 0\,. \qquad (14)$$

Sie ist linear in $\dot{u}$ und u, die Koeffizienten sind zeitabhängig.

In früheren Mitteilungen ([10], [11], [12]) habe ich den Verlauf der abklingenden lokalen Erregung erörtert und angenommen, daß bei Reizung mit sinusförmigen oder rechteckigen Wechselspannungen das lokale Potential durch die anodische, der kathodischen folgende Halbwelle im Sinne einer Repolarisation „heruntergerissen" wird und daß dadurch ein „periodisches" Abklingen zustande kommt. Aus den vorliegenden Messungen und Überlegungen scheint mir hervorzugehen, daß dies zutrifft: Aus dem Verlauf der $u(t)$-Kurven in Abbildung 10 und dem Vergleich mit der $u(t)$-Kurve in Abbildung 9 ergibt sich, daß der anodische Impuls das abklingende Potential herunterreißt, so daß ein Knick oder sogar eine Einsenkung zustande kommt. Die Kurven $u_a(t)$ in Abbildung 13 zeigen, daß darüber hinaus auch der aktive Potentialanteil durch den diphasischen Reiz verformt wird, er fällt steiler ab als nach dem monophasischen Reiz. Dieser Befund gibt zu Überlegungen und Fragen Anlaß, die weiterer Untersuchungen bedürfen.

Literatur

[1] Schwarz, F. u. H. Volkmer: Acta biol. med. german. **15**, 283 (1965).
[2] Kilb, H. u. R. Stämpfli: Helv. physiol. pharmacol. Acta **14**, 251 (1956).
[3] Schwarz, F.: Pflügers Arch. ges. Physiol. Menschen Tiere **261**, 361 (1955).
[4] Hill, A. V.: Proc. Roy. Soc. [London] B, **119**, 305 (1935).
[5] Bronstein, I. N. u. K. A. Semendjajew: Taschenbuch der Mathematik, B. G. Teubner Verlagsgesellschaft, Leipzig 1961.
[6] Schwarz, F.: Pflügers Arch. ges. Physiol. Menschen Tiere **250**, 343 (1948).

[7] SCHWARZ, F.: Psychiatrie, Neurol. med. Psychol. [Leipzig] **1**, 296 (1949).
[8] ROSENBLUETH, A.: Ergebn. Physiol., biol. Chem. exp. Pharmakol. **47**, 24 (1952).
[9] WYSS, O. A. M.: Helv. physiol. pharmacol. Acta **23**, 107 (1965).
[10] SCHWARZ, F. u. H. EHRIG: Pflügers Arch. ges. Physiol. Menschen Tiere **261**, 385 (1955).
[11] SCHWARZ, F.: Acta biol. med. german. **3**, 200 (1959).
[12] SCHWARZ, F.: Acta biol. med. german. **5**, 355 (1960).

Anschrift des Verfassers: Prof. Dr. FRIEDRICH SCHWARZ, Physiologisches Institut der Universität Jena, Teichgraben 8.

Summary

F. SCHWARZ: On the behavior of the local potential when stimulating motoric nerve fibres with rhythmic electric pulses

RANVIER's nodes of motoric nerve fibres from the Nervus ischiadicus of the frog are stimulated with square electric pulses between 500 and 7500 c.p.s. Subthreshold local potentials and potentials of action are derived. The individual stimulating pulses bring about local changes of the potential which are then summing up. It is shown that a certain number of pulses depending on the frequency of stimulation and the type and polarity of the pulses must have been passed, until a potential of action is released. A definite quantity Q of electricity is needed to achieve a success. Q increases with increasing frequency and is higher, when stimulating with diphasic pulses, than with monophasic ones.

An attenuating local potential may be scanned by subsequent pulses at various intervals from the first. The merely passively deformed, by far subthreshold potential is subtracted. An active portion of the potential u_a is obtained which is analyzed mathematically. The curves $u_a(t)$ are composed of a potential and an exponential function, where the time constant of restitution is time-dependent. The first derivation of u_a according to time indicates a periodic process. The differential equation of the active portion in a general form is

$$\varphi(t)\,\dot{u} + \psi(t)\,u = 0\,.$$

If the stimulating voltage is subthreshold, then the depolarisation brought about by summation falls after an initial rise. This behavior is interpreted from the assumption that the time constant of stimulation is varying with the membrane condition depending on time.

Резюме

Ф. Шварц: О поведении местного потенциала при раздражении моторных нервных волокон ритмическими электрическими импульсами

Сужения Ранвье в моторных нервных волокнах из седалищного нерва лягушки раздражались прямоугольными электрическими импульсами в пределах от 500 до 7500 гц. Отводились подпороговые местные потенциалы и потенциалы действия. Отдельные раздражательные импульсы вызывают местные изменения потенциала, которые суммируются. Для создания потенциала действия необходима дача определенного числа импульсов, зависимого от вида и полярности импульсов, а для успеха раздражения требуется определенное количество электричества Q. Q повышается с повышением частоты и оно выше при раздражении диафазными импульсами, чем при раздражении монофазными.

Затухающий местный потенциал может быть снят последующими импульсами, поданными в разном интервале времени от первого импульса. Из расчитанного таким образом хода потенциала вычитается лишь пассивно деформированный, далеко подпороговый потенциал. Получается активная часть потенциала u_a, который подвергается математическому анализу. Кривые $u_a(t)$ состоят из потенциальной и экспоненциальной функции, причем постоянная времени успокоения зависима от времени. Первая производная u_a по времени показывает периодичность процесса. Дифференциальное уравнение активной части потенциала в общем виде:

$$\varphi(t)\,\dot{u} + \psi(t)\,u = 0\,.$$

Есле раздражательное напряжение подпороговая, то деполяризация, вызываемая суммированием, опять начинает падать после начального повышения. Такое поведение можно объяснить тем, что постоянная времени раздражения изменяется с состоянием мембраны в зависимости от времени.

Acta biol. med. german., Band 16, Seite 650—657 (1966)

Aus dem Pharmakologischen Institut der Medizinischen Akademie Magdeburg
(Direktor: Prof. Dr. med. habil. H. MATTHIES)

Einfluß von Dopamin und MAO-Hemmstoffen auf zentral ausgelöstes Erbrechen

W. FÖRSTER und S. GRÄBNER

(Eingegangen am 27. 1. 1966)

Zusammenfassung

Durch Apomorphin oder Pilokarpin ausgelöstes zentrales Erbrechen wird von einer Reihe verschieden strukturierter MAO-Hemmstoffe verstärkt. Tranylcypromin und Dopamin, die im Gegensatz zu den übrigen MAO-Hemmern eine unsubstituierte NH_2-Gruppe besitzen, haben keine potenzierende Wirkung. Dopamin zeigt im Gegensatz zu früher untersuchten Vorstufen des Serotonins und Noradrenalins eine starke emetische Eigenwirkung, verstärkt aber das Apomorphin-Erbrechen nicht.

In früheren Veröffentlichungen untersuchten wir den Einfluß von Iproniazid und Noradrenalin (NA)- bzw. 5-Hydroxytryptamin (5-HT)-Vorstufen auf das durch Apomorphin ausgelöste zentrale Erbrechen beim Hund. Es konnte gezeigt werden, daß Iproniazid die antiemetische Wirkung von Reserpin [1] oder Pervitin [2] vorübergehend hemmen oder aufheben kann. Tryptophan und 5-Hydroxytryptophan potenzieren das Apomorphin-Erbrechen ebenso wie die NA-Vorstufen Tyramin und Dopa [2]. Irponiazid hat eine schwache, zu Erbrechen führende Eigenwirkung und potenziert das Apomorphin-Erbrechen, wenn es gleichzeitig oder 1—7 Std. vor Apomorphin verabreicht wird [2].

Aufgabe der vorliegenden Untersuchungen war, zu klären, ob auch andere MAO-Hemmer das Apomorphin-Erbrechen verstärken und ob dieser Effekt regelmäßig bei verschieden konfigurierten MAO-Hemmern zu beobachten ist. Neben Apomorphin wurden auch einige Versuche mit Pilokarpin durchgeführt, das nach Untersuchungen von BORISON et al. [3] nicht an der area postrema, sondern am Frontallappen des Hirns angreift. In Ergänzung zu den früheren Untersuchungen mit Aminvorstufen prüften wir ferner das Verhalten von Dopamin, da einige Literaturangaben [4]—[6] auf eine spezifische Eigenwirkung von Dopamin im ZNS hindeuten.

Methodik

Die Versuche wurden an Hunden durchgeführt. Methodische Einzelheiten wurden früher angegeben [1], [2]. Apomorphin (i.m.) und Pilokarpin (i.p.) wurden in Schwellendosen verabreicht, die in Vorversuchen im Durchschnitt nur ein- bis zweimaliges Erbrechen auslösten. An MAO-Hemmern untersuchten wir Harmin, Pheniprazin (JB 516), Tranylcypromin, Phenelzin, Nialamid, Ro 4-1038/1 und Ro 4-2637/6 (siehe auch Strukturformeln)[1]. Die MAO-Hemmer wurden i.m. oder i.p. bis zu maximal verträglichen Dosen injiziert. Ähnlich wie früher mit Iproniazid wurde in einigen Versuchsreihen auch die Abhängigkeit des Einflusses der MAO-Hemmer vom Zeitpunkt ihrer Injektion untersucht. Dopamin[1] gaben wir in Dosen von 0,5—30 mg/kg i.m. ohne und mit Apomorphin.

Strukturformeln der untersuchten Verbindungen

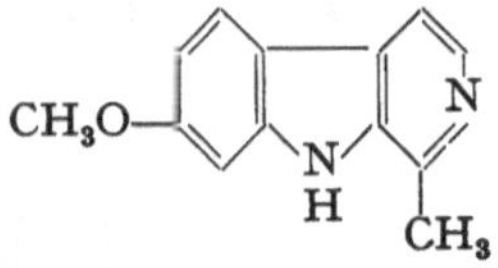

Harmin

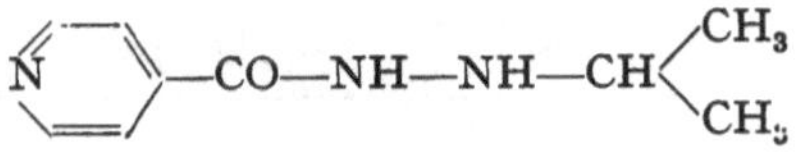

Iproniazid

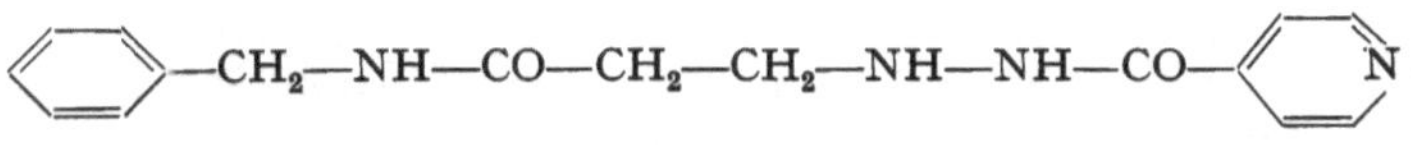

Nialamid

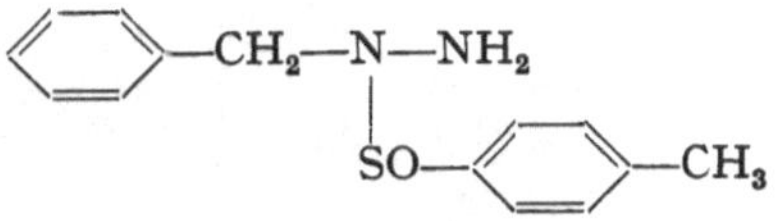

Ro 4-2637

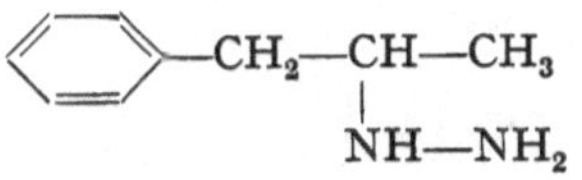

Pheniprazin (J B 516)

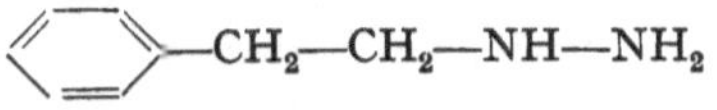

Phenelzin (Nardil)

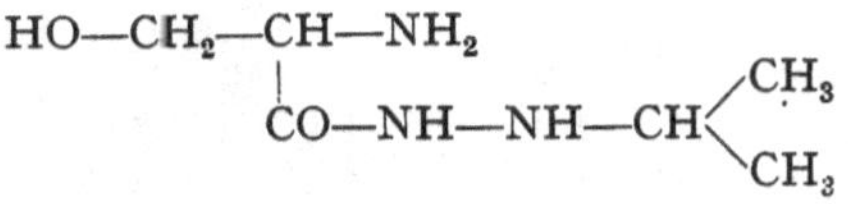

Ro 4-1038

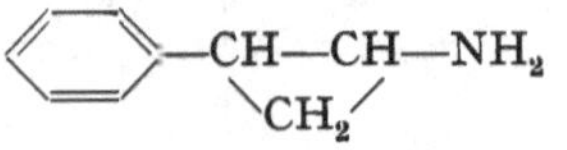

Tranylcypromin

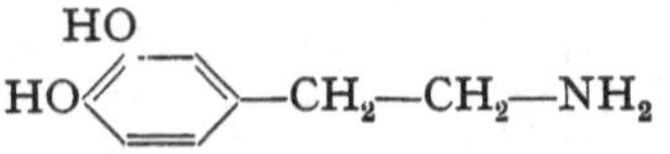

Dopamin

[1] Harminhydrochlorid wurde uns freundlicherweise von der Firma E. Merck AG, Darmstadt,
Pheniprazin (JB 516) vom VEB Fahlberg-List, Magdeburg,
Phenelzin vom VEB Arzneimittelwerk Dresden,
Dopamin, Ro 4-1038/1 und Ro 4-2637/6 von der Deutschen Hoffmann-La Roche AG., Grenzach/Baden,
Nialamid von der Pfizer-GmbH, Karlsruhe-Hagsfeld und
Tranylcypromin von Dr. H. Green, Smith, Kline & French Labor, Philadelphia,
zur Verfügung gestellt. Wir danken allen Beteiligten für die freundliche Unterstützung unserer Arbeit.

Tabelle 1

Einfluß von Harmin, Nialamid, Ro 4-2637, Pheniprazin und Phenelzin auf das Apomorphin- und Pilokarpin-Erbrechen beim Hund

Anzahl der Hunde	MAO-Hemmstoff-Dosis [mg/kg] i. p.	Apomorphin-Dosis [mg/kg] i. m.	Zeitpunkt der Injektion der MAO-Hemmstoffe	Häufigkeit des Erbrechens Kontrolle	MAO-Hemmstoff + Apomorphin	Steigerung [%]
a) Apomorphin-Erbrechen						
Harmin						
3	10,0	0,03–0,05	8 Std. vorher	1,2	1,0	∅
3	10,0	0,03–0,05	1 Std. vorher	1,2	7,0	480
5	20,0	0,03–0,05	1 Std. vorher	1,25	12,2	900
4	30,0	0,04–0,09	gleichzeitig	1,2	4,5	290
Phenelzin						
2	10,0	0,065	1 Std. vorher	1,7	1,0	∅
2	10,0	0,04	3 Std. vorher	1,4	1,5	∅
2	10,0	0,04	gleichzeitig	1,5	4,0	160
4	20,0	0,04–0,07	gleichzeitig	1,6	4,25	160
3	30,0	0,03–0,04	gleichzeitig	1,6	9,0	460
Pheniprazin						
5	10,0	0,04–0,06	8 Std. vorher	1,2	1,6	33
3	10,0	0,04–0,06	10 min vorher	1,0	5,0	400
2	10,0	0,04–0,06	gleichzeitig	1,1	5,0	400
Nialamid						
4	10,0	0,03–0,06	8 Std. vorher	1,2	1,5	25
2	5,0	0,03–0,06	gleichzeitig	1,0	4,5	350
2	10,0	0,03–0,09	1 Std.vorher	1,1	5,5	400
2	10,0	0,03–0,06	gleichzeitig	1,0	4,5	350
Ro 4-2637/6						
2	20,0	0,02–0,04	10 min vorher	1,25	4,0	220
4	30,0	0,02–0,04	10 min vorher	1,3	5,0	285
b) Pilokarpin-Erbrechen						
Harmin						
2	10,0	0,50–1,25	gleichzeitig	1,8	5,5	205
4	20–30,0	0,50–1,0	30 min vorher	1,8	3,3	80
Iproniazid						
3	100	0,5–0,60	10 min vorher	0,6	6,0	900
2	100	0,5	gleichzeitig	1,0	10,5	950

Ergebnisse

1. Wirkung von Harmin, Nialamid, Pheniprazin, Phenelzin und Ro 4-2637 auf das Apomorphin- und Pilokarpin-Erbrechen

Die Versuchsergebnisse sind in der Tabelle 1 zusammengefaßt. Alle untersuchten MAO-Hemmstoffe verstärken das Apomorphin-Erbrechen, wenn sie gleichzeitig oder wenige Minuten vor Apomorphin injiziert werden. Werden sie eine oder mehrere Stunden vor Apomorphin verabreicht, sind unterschiedliche Effekte nachzuweisen. Harmin, 60 min vor Apomorphin gegeben, erhöht die Häufigkeit des Erbrechens deutlich; Phenelzin ist zu diesem Zeitpunkt in einer Dosis von 10 mg/kg unwirksam. Die gleiche Dosis, gemeinsam mit Apomorphin gegeben, verstärkt das Erbrechen.

Gegenüber dem durch Pilokarpin ausgelösten Erbrechen verhalten sich Harmin und Iproniazid ähnlich wie gegenüber Apomorphin.

2. Einfluß von Tranylcypromin, Ro 4-1038 und Dopamin

Im Gegensatz zu den bisher untersuchten MAO-Hemmstoffen verstärkten Tranylcypromin, Ro 4-1038 und Dopamin auch nach hohen Dosen das Apomorphin-Erbrechen nicht (Tab. 2). Interessant ist, daß Dopamin in höheren

Tabelle 2
Einfluß von Tranylcypromin, Ro 4-1038 und Dopamin auf das Apomorphin-Erbrechen

Anzahl der Hunde	MAO-Hemmstoff-Dosis [mg/kg]	Apomorphin-Dosis [mg/kg] i. m.	Zeitpunkt der Injektion der MAO-Hemmstoffe	Häufigkeit des Erbrechens Kontrolle	MAO-Hemmstoff + Apomorphin	Steigerung [%]
Tranylcypromin						
3	10,0	0,03—0,06	gleichzeitig	1,3	1,5	∅
4	20,0	0,03—0,05	10 min vorher	1,3	1,0	∅
3	35,0	0,03—0,04	15 min vorher	1,2	1,6	30
Ro 4-1038/1						
2	20,0	0,02—0,04	gleichzeitig	1,75	2,5	40
3	30,0	0,02—0,04	15 min vorher	1,3	1,7	30
Dopamin						
7	0,5	0,03—0,05	15 min vorher	1,0	1,0	∅
4	2,0	0,03—0,05	15 min vorher	1,2	1,5	25
3	10,0	0,03—0,05	30 min vorher	1,2	1,0	∅

Dosen eine starke emetische Eigenwirkung zeigt (Tab. 3). In den Versuchen mit 10 mg/kg Dopamin mußten wir die emetische Eigenwirkung des Dopamins abwarten, ehe wir Apomorphin injizieren konnten. Unter den 11 mit Tranylcypromin und den 6 mit Ro 4-1038 behandelten Tieren befand sich je 1 Hund, bei dem die beiden MAO-Hemmer vor der Apomorphininjektion als

Tabelle 3
Eigenwirkung von Dopamin

Anzahl der Tiere	Dosis [mg/kg]	Häufigkeit des Erbrechens
7	0,5	0,28
7	1,0	0,7
7	2,0	2,1
3	10,0	8,0
3	30,0	9,0

Eigenwirkung starkes Erbrechen auslösten. Beide Hunde reagierten auf Apomorphin sehr empfindlich.

3. *Einfluß von Harmin auf den antiemetischen Effekt von Reserpin*

Bei einer Gruppe von 3 Hunden, die höhere Dosen Apomorphin erhielten, verminderte — ähnlich wie in früheren Versuchen — eine Dosis von 0,15 mg pro kg Reserpin die Häufigkeit des Erbrechens um 2/3. Gibt man während der Reserpinwirkung 2 Std. vor Apomorphin 20 mg/kg Harmin, kann man den Reserpineffekt völlig aufheben (Tab. 4).

Tabelle 4
Aufhebung des antiemetischen Effektes von Reserpin durch Harmin

Anzahl der Tiere	Apomorphin-Dosis [mg/kg]	Dosis [mg/kg]		Zeitpunkt [Std.] der Injektion von		Häufigkeit des Erbrechens		
		Reserpin	Harmin	Reserpin vor Apomorphin	Harmin vor Apomorphin	Kontrolle	nach Reserpin u. Harmin	Veränderung [%]
3	0,06—0,12	0,15	—	27	—	6,0	2,0	—67
4	0,06—0,12	0,15	20,0	27	2	5,4	6,2	+15

4. *Einfluß einer wiederholten Iproniazidgabe auf das Apomorphin-Erbrechen*

Eine Gruppe von Hunden erhielt an 3 aufeinanderfolgenden Tagen je 100 mg pro kg Iproniazid gleichzeitig mit der Schwellendosis von Apomorphin. Die Ergebnisse sind in Abbildung 1 dargestellt. Die am 1. Tag beobachtete starke Zunahme der Häufigkeit des Erbrechens ist am 2. Tag abgeschwächt und am 3. Tag nicht mehr nachweisbar. Demgegenüber verstärken sich bei den Hunden die Iproniazid-Eigenwirkungen von Tag zu Tag.

Diskussion

In den vorliegenden Untersuchungen wurden außer dem schon früher geprüften Iproniazid sieben weitere MAO-Hemmer untersucht. Alle Verbindungen wurden bis zu maximal verträglichen Dosen injiziert. Die biologische Wirksamkeit der hohen Dosen zeigte sich im Verhalten der Hunde: nach Harmingabe typischer Tremor, taumelnde und unkoordinierte Bewegungen, keuchende Atmung, Speichelfluß; nach Phenelzin und Nialamid Speichelfluß; nach Pheniprazin starke Unruhe, aufgeregtes Umherlaufen, Ataxie; die Tiere sind ängstlich und schreckhaft; nach Ro 4-2637 kein abnormes Verhalten; nach Ro 4-1038 deutliche Unruhe, gesträubtes Fell; nach Tranylcypromin werden die Hunde nervös und unruhig, zerren aufgeregt an der

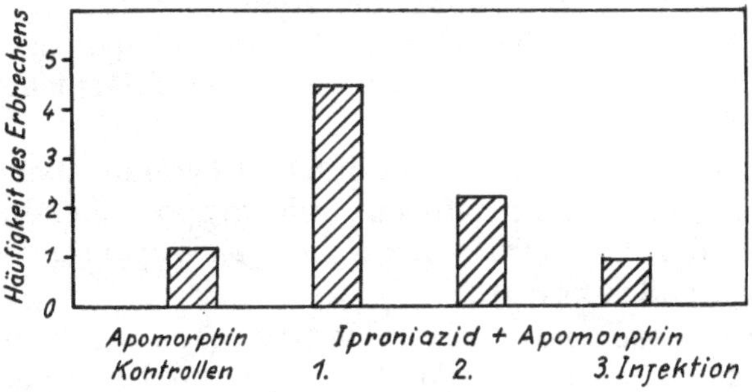

Abb. 1. Gleichzeitige Injektion von Iproniazid [100 mg/kg] i.p. und Apomorphin [0,03—0,06 mg/kg] bei 4 Hunden an 3 aufeinanderfolgenden Tagen.

Symptome: 10 min nach der ersten Injektion Speichelfluß; in den folgenden Stunden sind die Tiere sehr scheu, verlassen nicht die Hütte, erscheinen träge und müde. Nach zweiter Injektion verstärkter Speichelfluß (Schaumbildung vor dem Maule), Allgemeinsymptome sind verstärkt. Nach dritter Injektion liegen die Tiere ausgestreckt vor der Hütte, sind nicht ansprechbar, fressen nicht und machen einen erschöpften Eindruck

Kette, scharren im Boden, drehen sich im Kreise, erschrecken bei jedem Geräusch, bleiben jedoch gut ansprechbar und sind sehr spielfreudig; nach hohen Dosen von Dopamin keuchende Atmung mit weit heraushängender Zunge, Speichelfluß, deutliche Unruhe; nach 24 Std. Inappetenz, Tiere machen einen erschöpften Eindruck, sind schlecht ansprechbar und teilnahmslos.

Die Wahrscheinlichkeit, daß die verwendeten Dosen die MAO hemmten, ergibt sich aus Untersuchungen von Fähse [7], die in vivo bei Mäusen und Ratten eine MAO-Hemmung um 80% durch folgende Dosen nachweisen konnte:

	Maus [mg/kg]	Ratte
Iproniazid	130	120
Phenelzin	15	7,5
Nialamid	25	50
Pheniprazin	3	5
Ro 4-2637	25	—
Ro 4-1038	20	—
Tranylcypromin	6	6
Harmalin	10	—

Trotz der Verabreichung von Dosen, die bei Maus und Ratte eine deutliche MAO-Hemmung bewirkten, verstärkten nicht alle Verbindungen das Apomorphin-Erbrechen. Eine Strukturanalyse der Substanzen läßt einen Zusammenhang zwischen dem verschiedenartigen Einfluß auf das zentrale Erbrechen und der chemischen Konstitution erkennen; Tranylcypromin und Ro 4-1038 haben im Gegensatz zu allen anderen MAO-Hemmern eine freie Aminogruppe, die nicht Bestandteil der Hydrazingruppe ist. Ob auf diese Struktureigentümlichkeit die fehlende Apomorphinpotenzierung zurückzuführen ist, läßt sich bei der geringen Anzahl der untersuchten Verbindungen nicht mit Sicherheit sagen.

Von den Aminvorstufen besitzen Dopamin und Tyramin ähnlich wie Tranylcypromin Strukturen mit einer freien Aminogruppe. Tyramin potenzierte in hohen Dosen das Apomorphin-Erbrechen [2], Dopamin verhielt sich wie Tranylcypromin und Ro 4-1038.

Die vorliegenden Ergebnisse unterstützen die schon früher diskutierte Auffassung, daß die potenzierende Wirkung der MAO-Hemmer auf das Erbrechen wahrscheinlich als eine Eigenwirkung, unabhängig von ihrem MAO-hemmenden Effekt, aufzufassen ist. Diese Deutung wird durch den Befund unterstützt, daß alle bisher untersuchten MAO-Hemmstoffe ihre stärkste potenzierende Wirkung bei gleichzeitiger Gabe mit Apomorphin zeigten.

Die Versuche mit wiederholter Gabe von Iproniazid wiesen andererseits nach, daß diese Eigenwirkung nicht beliebig oft auslösbar ist; nach drei Injektionen an aufeinanderfolgenden Tagen wird das Apomorphin-Erbrechen durch Iproniazid nicht mehr verstärkt.

Das Pilokarpin-Erbrechen wurde durch Harmin und Iproniazid in einer ähnlichen Form verstärkt wie Apomorphin. Weitere Versuche mit anderen MAO-Hemmern und weiteren Pharmaka, die zu zentral ausgelöstem Erbrechen führen, werden zeigen, inwieweit auf diese Weise Differenzen im Wirkungsmechanismus erfaßbar sind.

Dopamin verhielt sich in den vorliegenden Versuchen anders als Tyramin, Dopa, Tryptophan und 5-Hydroxytryptophan. Obwohl es zur gleichen Zeit wie die anderen Aminvorstufen appliziert wurde (15 min vor Apomorphin), war mit keiner Dosis eine Apomorphin-Potenzierung nachweisbar. Statt dessen dominierte eine starke emetische Eigenwirkung, die bei den früher untersuchten Vorstufen nicht beobachtet wurde. Eine Erklärung für den unterschiedlichen Wirkungsmechanismus von Dopamin kann z. Z. nicht gegeben werden. Das unterschiedliche Verhalten von Dopamin stimmt mit einigen anderen Beobachtungen über einen spezifischen Effekt im ZNS gut überein.

Literatur

[1] FÖRSTER, W. u. M. KUNZE: Acta biol. med. german. **8**, 453 (1962).
[2] FÖRSTER, W. u. E. GÜNTHER: Acta biol. med. german. **8**, 464 (1962).
[3] BORISON, H. L., T. D. HARRIS u. A. M. SCHMIDT: J. Neuropathol. exp. Neurol. **15**, 485 (1956).

[4] Balzer, H., P. Holtz u. D. Palm: Biochem. Pharmacol. **5**, 169 (1960).
[5] Balzer, H., P. Holtz u. D. Palm: Naunyn-Schmiedebergs Arch. exp. Pathol. Pharmakol. **239**, 520 (1960).
[6] Schaepdryver, A. F. de, Y. Piette u. A. L. Delaunois: Arch. int. Pharmacodynam. Thérap. **140**, 358 (1962).
[7] Fähse, Ch.: Verh. Ges. exp. Med. **5**, 148 (1964).

Summary

W. Förster and S. Gräbner: Effect of dopamine and MAO inhibitors on centrally stimulated vomiting

Central vomiting provoked by apomorphine, is intensified by a series of differently structured monoaminooxidase inhibitors. Tranylcypromine and dopamine, which in contrast to the other MAO-inhibitors possess an unsubstituted NH_2-group, have no strengthening effect. As opposed to formerly tested precursors of serotonine and noradrenaline dopamine shows a strong emetic action but does not intensify the vomiting produced by apomorphine.

Резюме

В. Фёрстер и С. Гребнер: Влияние допамина и ингибиторов МАО на центрально вызванную рвоту

Центральная врота, вызванная апоморфином или пилокарпином, усиливается рядом структурированных по-разному ингибиторов МАО. Транилципромин и Ro 4-1038/1, которые в отличие от остальных ингибиторов МАО имеют незамещенную группу NH_2, не оказали потенцирующего эффекта. В противоположность к раньше исследованным предшественникам серотонина и норадреналина, допамин оказывает сильное собственное рвототворное действие, но не усугубляет апоморфинной рвоты.

Acta biol. med. german., Band 16, Seite 658—664 (1966)

Aus dem Pharmakologischen Institut der Medizinischen Akademie Erfurt
(Direktor: Prof. Dr. Dr. F. Markwardt)

Über den Einfluß von Antifibrinolytika auf die Aktivierung des Kininsystems durch Fibrinolysevorgänge

K.-O. Haustein und F. Markwardt

(Eingegangen am 28. 1. 1966)

Zusammenfassung

Die synthetischen Antifibrinolytika EACA, AMCA und PAMBA verhindern die im Verlaufe von Fibrinolysevorgängen ausgelöste Freisetzung von Plasmakininen, indem sie die Bildung des fibrinolytischen Fermentes Plasmin blockieren, welches eine Aktivierung des Kininsystems bewirken kann. Die Antifibrinolytika haben keinen Einfluß auf die Kininogenaktivierung durch Kallikrein und können in den therapeutisch angewandten Konzentrationen nicht die Kinin-Inaktivierung durch Plasmakininasen verhindern.

In vorangegangenen Untersuchungen war gezeigt worden, daß es im Verlauf der Fibrinolyse im Blut zur Bildung von Kininen kommen kann [13], [14]. Nach Untersuchungen von Back et al. [3], [4], Hamberg [12], Eisen [7] und Vogt [23] ist anzunehmen, daß dies die Folge einer Aktivierung des Kallikreinogens durch das fibrinolytische Ferment Plasmin ist. Die Bildung vasoaktiver Kinine kann für die bei übersteigerten Fibrinolysen auftretenden pathologischen Erscheinungen von besonderer Bedeutung sein. Es wurde daher geprüft, ob durch Antifibrinolytika, welche zur Hemmung pathologischer Fibrinolysevorgänge eingesetzt werden, auch die Kininbildung verhindert werden kann.

Methodik

Unsere Untersuchungen führten wir an thrombozytenfreiem Humanplasma durch, welches wir aus Spenderblut durch Mischen mit Hirudinlösung (1500 AT.-E./ml) im Verhältnis 1:10 ungerinnbar hielten. Zunächst wurden die Blutkörperchen durch 15 min langes Zentrifugieren bei 150 g sedimentiert und anschließend die Thrombozyten vom Plasma durch 15 min langes Zentrifugieren bei 1500 *g* abgetrennt.

Um eine Aktivierung des Kininsystems durch Glasoberflächen zu vermeiden, wurde nur mit silikonisierten Glasgeräten gearbeitet.

Die im Plasma gebildeten Kinine bestimmten wir am isolierten, mit Atropin und Diphenhydramin vorbehandelten Meerschweinchenileum, wozu wir 3—4 cm lange Organstückchen in ein 10 ml-Organbad einbrachten. Als Nährlösung wurde Tyrode-Lösung

Abkürzungen: siehe unter „Materialien", Seite 659

verwandt. Die Registrierung der Kontraktionen erfolgte mittels Stirnschreiber isotonisch auf einem Rußkymographion bei einem Übertragungsverhältnis von 1:6. Für Untersuchungen mit gereinigtem Kininogen verwendeten wir den empfindlicher auf Kinine reagierenden, isolierten, östrogensensibilisierten Rattenuterus. Den 80—100 g schweren Tieren wurde 18—24 Std. vor Entnahme der Uteri jeweils 1 mg Dienöstroldiazetat i.p. injiziert. Die Registrierung der Kontraktionen erfolgte wie am Meerschweinchenileum.
In vivo-Versuche führten wir an Hunden durch, die mit 100 mg Chloralose und 250 mg Äthylurethan/kg i.v. narkotisiert wurden. Den Blutdruck registrierten wir aus der Arteria carotis communis dextra mittels Quecksilbermanometer auf einem Rußkymographion. Die zu prüfenden Lösungen injizierten wir in die kanülierte Vena saphena magna sinistra.

Materialien

Plasminogen: Nach der Methode von WALLEN und BERGSTRÖM [24] aus menschlichem Zitratplasma hergestelltes Präparat. Aktivität: 40 Kasein-E./mg N, bestimmt nach REMMERT und COHEN [22].

Plasmin: Gewonnen durch Aktivierung von Plasminogen mit Streptokinase und nachträglicher Entfernung des Aktivators. Bestimmung der Aktivität nach REMMERT und COHEN [22]. Aktivität: 25 Kasein-E./mg N.

Kallikrein: Pankreas-Kallikrein (VEB Arzneimittelwerk Dresden), Aktivität: 50 biolog. E./mg.

Trypsin: Trypsin krist., SPOFA, Prag.

Kininogen: Aktivität: 16 μg Bradykinin/mg Protein nach vollständiger Aktivierung bildend [11]. Das Präparat wurde uns freundlicherweise von Herrn Prof. Dr. HABERMANN, Würzburg, zur Verfügung gestellt.

Bradykinin: Bradykinin · 5 H_2O · 2 Azetat, synthetisch (Fa. Schering, Berlin).

Streptokinase: Streptase-Behring, Marburg/Lahn.

Hirudin: Nach dem von MARKWARDT [18] angegebenen Verfahren isolierter spezifischer Thrombinhemmstoff. Durchstichflaschen mit 1600 AT.-E. vom VEB Arzneimittelwerk Dresden.

Contrykal®: Proteaseninhibitor aus Rinderlunge (VEB Arzneimittelwerk Dresden), Aktivität: 50 Anti-Trypsin-E./mg, bestimmt nach MARKWARDT und WALSMANN [20].

SBTI: Sojabohnen-Trypsin-Inhibitor (VEB Arzneimittelwerk Dresden), Aktivität: 212 Anti-Trypsin-E./mg.

PAMBA®: p-Aminomethylbenzoesäure, hergestellt im VEB Arzneimittelwerk Dresden.

AMCA: Antifibrinolytisch wirkendes Isomer der 4-Aminomethylcyclohexancarbonsäure-(1), wurde uns freundlicherweise von Herrn Dr. B. MELANDER, Stockholm, zur Verfügung gestellt.

EACA: ε-Aminocapronsäure, VEB Berlin-Chemie, Berlin-Adlershof.

Ergebnisse

1. Der Einfluß von Antifibrinolytika auf die Kininogenumwandlung

Wir prüften zunächst, ob das Gerinnungsferment Thrombin oder das fibrinolytische Ferment Plasmin in der Lage sind, Kininogen zu aktivieren. Zu diesem Zwecke wurde gereinigtes Kininogen bis zu 15 min lang mit den Fermenten bei 37 °C und *p*H 7,4 inkubiert. Danach wurden die Fermente durch Zugabe einer äquivalenten Inhibitormenge blockiert [15] (Thrombin durch Hirudin, Plasmin durch Contrykal) und die Ansätze am isolierten Rattenuterus ausgetestet (Abb. 1).

Es zeigte sich, daß weder Thrombin (bis zu 100 NIH-E./ml) noch Plasmin (bis zu 3,5 Kasein-E./ml) in der Lage waren, Kinin freizulegen. Bei nachträglicher Einwirkung von Kallikrein (0,125 E./ml) oder Trypsin (2,5 μg/ml) wurde dagegen die gleiche Kininmenge wie aus unbehandeltem Kininogen freigelegt.

In der gleichen Versuchsanordnung untersuchten wir auch den Einfluß des Antifibrinolytikums PAMBA auf die durch Kallikrein oder Trypsin be-

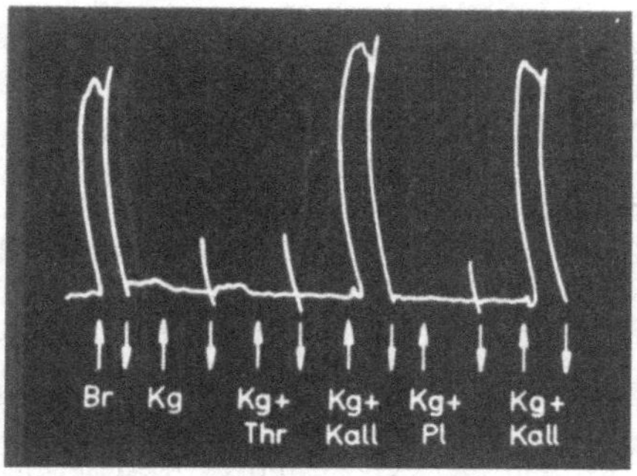

Abb. 1. Kininfreilegung aus Kininogen durch proteolytische Enzyme.
Br = 10 ng Bradykinin; Kg = 10 μg Kininogen; Thr = 100 NIH-E. Thrombin; Kall = 0,125 E. Kallikrein; Pl = 3,5 Kasein-E. Plasmin. Inkubation der Ansätze in Tyrode-Lösung für 5 min bei 37 °C

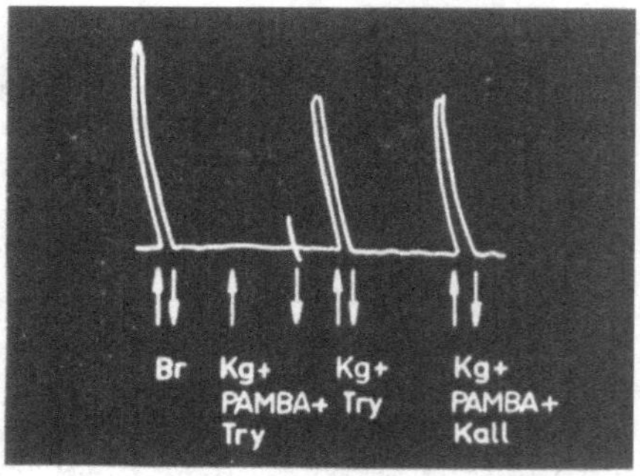

Abb. 2. Wirkung des Antifibrinolytikums PAMBA bei der Kininfreilegung durch Trypsin und Kallikrein.
Br = 10 ng Bradykinin; Kg = 10 μg Kininogen; Try = 2,5 μg Trypsin; Kall = 2,5 μg Kallikrein; PAMBA = 10^{-3} M Endkonzentration im Inkubationsansatz

wirkte Kininbildung. Wie aus den in Abbildung 2 zusammengefaßten Versuchsergebnissen ersichtlich ist, kann die durch Kallikrein bewirkte Kininogenaktivierung durch PAMBA nicht beeinflußt werden, während die durch Trypsin ausgelöste Kininbildung durch PAMBA deutlich gehemmt wurde.

2. Der Einfluß von Antifibrinolytika auf die Aktivierung des Kininsystems

Die Einwirkung von Plasmin auf Blutplasma führte im Gegensatz zur Wirkung auf das isolierte Kininogen zur Kininbildung. Die Plasminwirkung konnte durch Zugabe von Proteaseninhibitoren wie Contrykal oder SBTI, welche mit dem fibrinolytischen Ferment Plasmin inaktive Komplexe bilden, verhindert werden. Die Kininbildung läßt sich auch durch Aktivierung des im Plasma vorhandenen Plasminogens zu Plasmin mit Hilfe von Streptokinase erreichen [13], [14]. Da die synthetischen Antifibrinolytika die Umwandlung des Plasminogens in Plasmin zu hemmen vermögen, wurde geprüft, ob durch diese Stoffe auch die auf diesem Wege eingeleitete Kininbildung verhindert werden kann. Zu diesem Zweck wurde Humanplasma mit Plasminogen und Streptokinase (200 E/ml) versetzt und die in der Plasmaprobe nach 5 min langer Inkubation bei 37 °C entstandene Kininmenge am Meerschweinchenileum bestimmt. Die Antifibrinolytika wurden jeweils vor der Streptokinasezugabe dem Plasma zugesetzt.

Wie die in Abbildung 3 zusammengefaßten Versuchsergebnisse zeigen, wird die Kininbildung durch PAMBA in 10^{-3} molarer Konzentration fast vollständig unterdrückt und durch AMCA oder EACA in gleicher Konzentration deutlich vermindert. Bei 10^{-4} molarer Antifibrinolytikum-Konzentration zeigte sich noch eine Hemmung von etwa 30%.

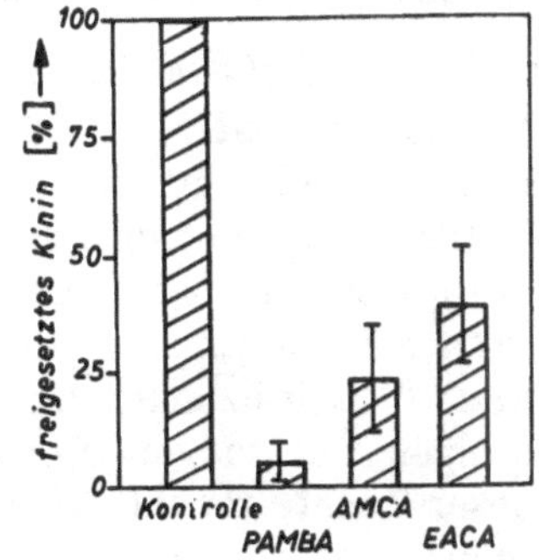

Abb. 3 Hemmung der Kininbildung bei Aktivierung des fibrinolytischen Systems durch Streptokinase. Ordinate: freigelegtes Kinin in Prozent. Antifibrinolytikumkonzentration im Inkubationsansatz 10^{-3} M

3. *Der Einfluß von Antifibrinolytika auf den Kininabbau*

Die Plasmakinine werden nach ihrer Freilegung aus dem Kininogen durch die Kininasen des Plasmas abgebaut und dadurch inaktiviert. Der Abbau kann durch SH-Körper u. a. Stoffe verzögert oder völlig verhindert werden [1], [5], [8]—[10], [26]. Im Zusammenhang mit Untersuchungen der Antifibrinolytika-Wirkungen war daher die Frage von Interesse, ob Fibrinolysehemmstoffe den Kininabbau beeinflussen, zumal über eine Hemmung des Kininabbaus durch EACA berichtet worden ist [1], [5], [7], [8], [17].

Um eine Verarmung an Kininen im Humanplasma zu erreichen, bewahrten wir es für 24 Std. bei +4 °C im Kühlschrank auf (s. a. [6]). Für die Versuche setzten wir dem Plasma 300 ng Bradykinin/ml zu und entnahmen 2, 10 und 20 min nach Versuchsbeginn dem Ansatz Proben zur Aktivitätsbestimmung am Ileum.

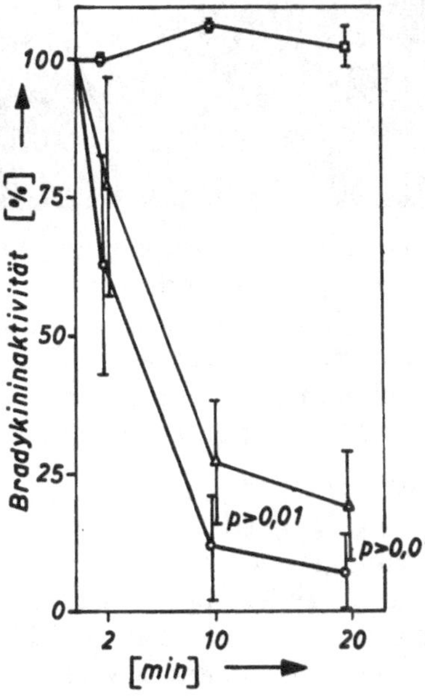

Abb. 4. Bradykininabbau in Humanplasma.
○----○ = Kontrollwerte;
△----△ = $3 \cdot 10^{-3}$ M EACA;
□----□ = $3 \cdot 10^{-3}$ M Zystein

Die geprüften Antifibrinolytika PAMBA und AMCA, welche wir jeweils vor der Kiningabe dem Plasma zusetzten, verursachten in unseren Untersuchungen bis zu Konzentrationen von 10^{-2} M keine signifikante Hemmung des Kininabbaus. Lediglich durch EACA konnte in verhältnismäßig hohen Konzentrationen von $3 \cdot 10^{-3}$ M eine geringe Verzögerung der Kininaktivierung beobachtet werden (Abb. 4). Gleiche Dosen Zystein verhinderten hingegen vollständig den Abbau des zugegebenen Bradykinins im Plasma.

4. Der Einfluß von Antifibrinolytika auf die Kininbildung in vivo

Durch Back et al. [3] ist gezeigt worden, daß Plasmininjektionen eine Senkung des Blutdruckes narkotisierter Hunde bewirken. Diese blutdrucksenkende Wirkung des Plasmins war als Folge der Aktivierung des Kininsystems erkannt worden. Wir versuchten daher zu klären, ob diese Wirkung auch durch Aktivierung des fibrinolytischen Systems im Blut ausgelöst werden kann. Wir injizierten zu diesem Zweck Hunden Streptokinase mit einem geringen Zusatz von menschlichem Plasminogen als Fibrinolyseaktivator. Dieser Zusatz machte sich erforderlich, da die Aktivierung des fibrinolytischen Systems durch Streptokinase beim Hund nur dann ausreichend ist, wenn geringe Mengen Humanplasma oder -plasminogen zur Aktivatorbildung zugesetzt werden [16], [21].

Wie aus dem in Abbildung 5 dargestellten Versuchsbeispiel hervorgeht, erzeugt ein Gemisch von 5000 E. Streptokinase mit 0,7 Kasein-E. Plasmino-

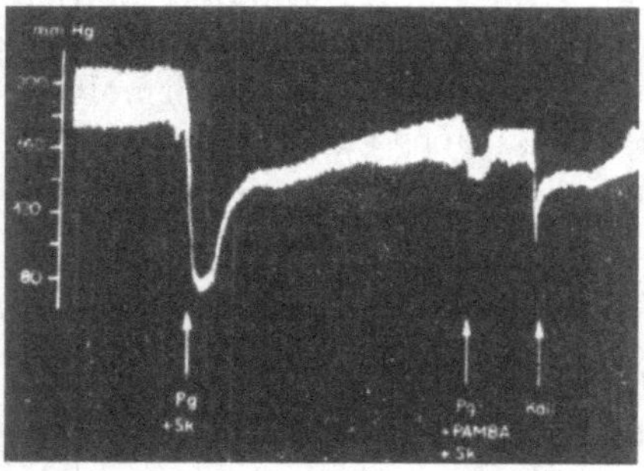

Abb. 5. Wirkung von Fibrinolyseaktivator bei i.v. Injektion auf den Blutdruck des Hundes.
Pg + Sk = 0,7 Kasein-E. Plasminogen + 5000 E. Streptokinase/kg; Pg + PAMBA + Pg = Zusatz von 10^{-3} M PAMBA zum Plasminogen-Streptokinase-Gemisch; Kall = 10 μg Kallikrein/kg

gen/kg beim Hund eine starke Blutdrucksenkung. Die blutdrucksenkende Wirkung wurde unterdrückt, wenn vor der i.v. Injektion dem Aktivatorgemisch das Antifibrinolytikum PAMBA in einer Konzentration von 10^{-3} M zugesetzt worden war. Durch nachträgliche Kallikreininjektion wurde wiederum eine Blutdrucksenkung hervorgerufen, was auf eine ausreichende Reserve an unverbrauchtem Kininogen hinweist.

Diskussion

Die vorliegenden Ergebnisse bestätigen zunächst die in anderen Untersuchungen getroffene Feststellung, daß es im Verlaufe der Fibrinolyse zu einer Aktivierung des kininbildenden Systems im Blute kommen kann. Da das fibrinolytische Ferment Plasmin nicht direkt eine Abspaltung von Kinin aus dem Kininogen bewirkt, ist der Angriffspunkt des fibrinolytischen Fermentes in der davorliegenden Phase, der Aktivierung des Kallikreinogens zu Kallikrein zu suchen [7], [14], [23]. Die Zusammenhänge zwischen Fibrinolysevorgängen und dem Kininsystem sind in Abbildung 6 schematisch dargestellt.

Die im Verlauf der Fibrinolyse auftretende Kininbildung läßt sich durch die als Plasminhemmstoffe wirkenden Proteaseninhibitoren verhindern. Da

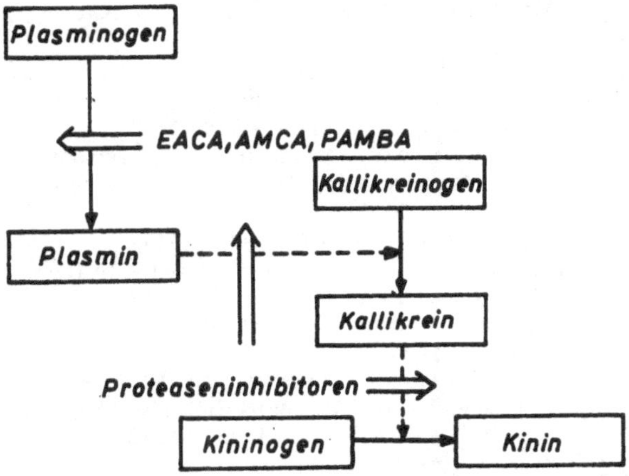

Abb. 6. Schema der Beziehungen zwischen Fibrinolysevorgängen und Kininsystem und der Hemmung durch Antifibrinolytika

diese Stoffe jedoch zugleich als Antikallikrein wirksam sind, läßt sich an Hand dieser Versuche nicht entscheiden, ob die Hemmung des Plasmins oder des Kallikreins zur Verhinderung der Kininbildung geführt hat [19], [25]. Die synthetischen Antifibrinolytika beeinflußten nicht die Kallikreinwirkung. Ihre Hemmeigenschaften kommen durch Verhinderung der Plasminogenaktivierung zustande. Dementsprechend können sie die Kininbildung im Verlauf der Fibrinolyse nur verhindern, wenn sie vor der Aktivierung des Plasminogens zu Plasmin dem Plasma zugesetzt werden (siehe Abb. 6).

Der durch die akute Fibrinolyse ausgelöste Krankheitszustand kann besonders bedrohlich werden, wenn es im Verlauf einer pathologischen Fibrinolyse nicht nur zur Zerstörung von Fibrinogen und der Bildung von gerinnungshemmenden Polypeptiden, sondern auch zur Bildung von biologisch aktiven Kininen mit blutdrucksenkenden und permeabilitätssteigernden Wirkungen kommt. Es ist daher von besonderer Bedeutung, daß durch Blockade der Fibrinolyse mit Hilfe der untersuchten Antifibrinolytika auch die Aktivierung des Kininsystems unterbunden wird.

Literatur

[1] Aarsen, P. N. u. A. Kemp: Brit. J. Pharmacol. Chemotherapy **19**, 442 (1962).
[2] Armstrong, D. A. J. u. J. W. Stewart: Nature [London] **194**, 689 (1962).
[3] Back, N., J. L. Ambrus, S. Goldstein u. J. W. E. Harrisson: Circulat. Res. **4**, 340 (1956).

[4] BACK, N., P. S. GUTH u. A. E. MUNSON: Ann. New York Acad. Sci. **104**, 53 (1963).
[5] BISHOP, E. u. J. MARGOLIS: Austr. J. exp. Biol. med. Sci. **4**, 307 (1963).
[6] DINIZ, C. R. u. J. F. CARVALHO: Ann. New York Acad. Sci. **104**, 77 (1963).
[7] EISEN, V.: J. Physiology **166**, 514 (1963).
[8] ERDÖS, E. G., A. G. RENFREW, E. M. SLOANE u. J. R. WOHLER: Ann. New York Acad. Sci. **104**, 222 (1963).
[9] ERDÖS, E. G. u. J. R. WOHLER: Biochem. Pharmacol. **12**, 1193 (1963).
[10] FERREIRA, S. H. u. M. ROCHA e SILVA: Biochem. Pharmacol. **11**, 1123 (1963).
[11] HABERMANN, E., W. KLETT u. G. ROSENBAUM: Hoppe-Seyler's Z. physiol. Chem. **332**, 121 (1963).
[12] HAMBERG, U.: Biochim. biophysica Acta [Amsterdam] **36**, 296 (1959).
[13] HAUSTEIN, K.-O.: Vortrag a. d. 7. Arbeitstagung d. Industrie- u. Hochschulpharmakologen i. d. DDR, Weimar, 24.—26. 9. 1965.
[14] HAUSTEIN, K.-O. u. F. MARKWARDT: Acta biol. med. german. **15**, 386 (1965).
[15] HAUSTEIN, K.-O. u. F. MARKWARDT: Arch. int. Pharmacodynam. Thérap. (im Druck).
[16] LASSEN, M.: Acta chem. scand. **13**, 1064, 1332 (1959).
[17] MARGOLIS, J. u. E. A. BISHOP: Nature [London] **194**, 749 (1962).
[18] MARKWARDT, F.: Hoppe-Seyler's Z. physiol. Chem. **308**, 147 (1957).
[19] MARKWARDT, F., H.-P. KLÖCKING, K.-O. HAUSTEIN u. H.-J. PERLEWITZ: Acta biol. med. german. **16**, 15 (1966).
[20] MARKWARDT, F. u. P. WALSMANN: Pharmazie **19**, 453 (1964).
[21] MÜLLERTZ, S. u. M. LASSEN: Proc. Soc. exp. Biol. Med. **82**, 264 (1953).
[22] REMMERT, L. F. u. P. P. COHEN: J. biol. Chemistry **181**, 431 (1949).
[23] VOGT, W.: J. Physiology **170**, 153 (1964).
[24] WALLEN, P. u. K. BERGSTRÖM: Acta chem. scand. **14**, 217 (1960).
[25] WEBSTER, M. E. u. J. V. PIERCE: Ann. New York Acad. Sci. **104**, 91 (1963).
[26] WERLE, E., K. HOCHSTRASSER, I. TRAUTSCHOLD u. G. LEYSATH: Hoppe-Seyler's Z. physiol. Chem. **337**, 286 (1964).

Summary

K.-O. HAUSTEIN and F. MARKWARDT: Effect of antifibrinolytics on the activation of a kinine system by fibrinolytical mechanism

The synthetic antifibrinolytics EACA, AMCA and PAMBA are preventing the release of plasma kinines brought about by fibrinolytic processes, in that they are blocking the formation of the fibrinolytic enzyme plasmin which may accomplish an activation of the kinine system. Antifibrinolytics do not exert any effect on the kininogen activation by kallikrein, and cannot prohibit kinin inactivation by plasma kininases in the therapeutically applied concentrations.

Резюме

К.-О. Гауштейн и Ф. Марквардт: О влиянии антифибринолитиков на активирование кининной системы фибринолитическими процессами

Синтетические антифибринолитики EACA, AMCA и PAMBA предотврашают высвобождение плазменных киниов, вызванное в результате фибринолитических процессов, блокируя образование фибринолитического фермента плазмина, способного к активированию кининной системы. Антифибринолитики не оказали влияния на активирование кининогена калликреином и не могли, в применяемых терапевтических концентрациях, предотвратить инактивирование кинина плазменными кининазами.

Acta biol. med. german., Band 16, Seite 665—670 (1966)

From the Central Drug Research Institute, Lucknow, India (Director: Dr. M. L. DHAR)

In vitro action of cadmium chloride on isolated seminiferous tubules of the rat testis

AMIYA B. KAR, P. R. DASGUPTA and QUAISER JEHAN

(Received: 27. 12. 1965)

Summary

The in vitro effect of cadmium chloride on isolated tubules of the rat testis has been investigated. It has been observed that $1 \cdot 10^{-4}$, $1 \cdot 10^{-3}$ or $1 \cdot 10^{-2}$ M concentration of the salt (in 2 ml of physiological saline) does not affect the tubules when incubated in room temperature (30 °C) for 15 to 120 minutes. However, a concentration of 0.02 M evokes marked degenerative changes; the seminiferous epithelium becomes virtually a debris after incubation for 60 minutes. Under similar experimental conditions equimolar amounts of zinc acetate and selenium dioxide do not exert any influence on the tubules. However, both these salts antagonize cadmium action when the tubules are exposed to a mixture (cadmium chloride 0.02 M + zinc acetate or selenium dioxide 0.02 M) for 60 minutes. Selenium dioxide appears to be more effective since even pretreatment for 60 minutes affords protection to the seminiferous epithelium against cadmium damage. The bearing of these findings on modus operandi of cadmium is discussed.

A single subcutaneous or intratesticular injection, or even scrotal inunction of cadmium salts causes a selective destruction of the seminiferous epithelium in several mammalian species (PARIZEK [1]; KAR and DAS [2], [3]; KAR and KAMBOJ [4]). Such degeneration of the seminiferous epithelium can be prevented by zinc and selenium salts (PARIZEK [1]; KAR et al. [5]; GUNN et al. [6]; MASON et al. [7]). To a lesser extent, protection is also afforded by cesium, strontium and cobalt salts (KAR and KAMBOJ [8]). However, the modus operandi of cadmium and the protective salts has not been clearly established.

The recent development of a procedure for removing the seminiferous tubules of the rat testis singly and free from the interstitial elements (CHRISTENSEN and MASON [9]) prompted the present study. This is concerned with the in vitro effect of cadmium chloride on isolated tubules of the rat testis, and the efficacy of zinc and selenium salts to prevent degenerative changes in the seminiferous epithelium caused under this condition.

Material and methods

The seminiferous tubules were collected from the testis of colony bred adult albino rats (180—200 gm) according to the method of CHRISTENSEN and MASON [9]. Tubules with adhering bits of interstitial tissues as revealed by phase contrast microscopic examination were discarded. Approximately 10 mg (wet weight) of the tubules was taken for each experiment. They were transferred to small conical flasks containing 2 ml of physiological saline medium. The molar concentration of cadmium chloride, zinc acetate or selenium dioxide in this medium was $1 \cdot 10^{-4}$, $1 \cdot 10^{-3}$, $1 \cdot 10^{-2}$ and $2 \cdot 10^{-2}$. The tubules were incubated for 0, 15, 30, 60, 90 and 120 minutes at room temperature (30 °C). Shaking of any degree was avoided because in pilot experiments it was noticed that this procedure caused some disruption of the characteristic mural disposition of the seminiferous epithelium. Batches of control tubules were incubated in physiological saline medium alone in a similar manner and for the same time intervals.

For studying the effect of exposure to a combination of the salts, the tubules were incubated with either cadmium chloride + zinc acetate, or cadmium chloride + selenium dioxide in the same molar concentrations as above (in 2 ml of physiological saline medium) for identical periods.

In another experiment, the tubules were first exposed to $2 \cdot 10^{-2}$ M solutions of either zinc acetate or selenium dioxide (in 2 ml of the physiological saline medium) for 60 minutes and then they were washed in physiological saline and re-incubated in $2 \cdot 10^{-2}$ M solution of cadmium chloride for the same period.

At the end of each experiment the tubules were washed in physiological saline and then fixed in Bouins fluid. Serial paraffin sections of the tubules were stained with Ehrlichs hematoxylin and eosin.

Results

At all time intervals the control tubules presented typical histologic features with successive stages of transformation of the seminiferous epithelium into spermatozoa (Fig. 1). The latter were present in large numbers and showed the characteristic disposition in relation to the tubular lumen. The tunica propria was normal. Exposure to cadmium chloride in $1 \cdot 10^{-4}$, $1 \cdot 10^{-3}$ and $1 \cdot 10^{-2}$ M concentrations had no effect on the tubules. This was also the case with $2 \cdot 10^{-2}$ M solution when incubated for 15 minutes, but after 30 minutes exposure most of the tubules appeared edematous and there was some disquamation of the seminiferous epithelial elements. Degenerative changes were noticed in the spermatids, Sertoli cells and occasionally in the spermatocytes and spermatogonia (Fig. 2). The presence of mononucleate giant cells were not uncommon. Patchy disintegration of the tunica propria was also a noteworthy feature.

The degenerative changes were at their acme in the tubules exposed to 0.02 M cadmium chloride solution for 60 minutes. The seminiferous epithelium was virtually an eosinophilic debris in which only the outline of an occasional degenerated spermatocyte and few scattered sperm heads could be identified (Fig. 3). The tunica propria was totally disintegrated. A similar condition of the tubules was observed after incubation for 90 and 120 minutes.

The exposure to a mixture of cadmium chloride + zinc acetate or cadmium chloride + selenium dioxide solutions (0.02 M) for 30 and 60 minutes prevented the degenerative changes in the seminiferous epithelium. The histological features of the tubules continued to be normal (Fig. 4). Zinc acetate or selenium dioxide per se had no effect on the tubules.

Prior exposure to zinc acetate (0.02 M) for 60 minutes followed by incubation in cadmium chloride solution (0.02 M) for the same period did not prevent the degenerative changes in the tubules. A similar procedure with selenium dioxide (selenium dioxide followed by cadmium chloride) effectively antagonized the action of cadmium chloride on the tubules. The latter presented typically normal features.

Discussion

The results of the present study show that cadmium chloride affects the tubules of the rat testis in vitro. The nature and extent of degenerative changes evoked in the seminiferous epithelium are comparable to those reported after parenteral administration of the salt (PARIZEK [1], KAR and DAS [2], [3]). A similar effect has been observed after painting the scrotal skin of rats and the rhesus monkeys with an aqueous solution of this salt (KAR and KAMBOJ [8]). It thus appears that both in the inunction procedure and the present in vitro study, cadmium is actually absorbed by the tubules to cause such damage to the seminiferous epithelium.
The bearing of the present findings on the modus operandi of cadmium merits a comment. PARIZEK [1] believes that cadmium acts by competing with zinc in mataloenzymes necessary for maintenance and function of the germinal epithelium. According to GUNN et al. [10] cadmium causes specific injury to the internal spermatic artery and its testicular and epididymal branches, and the pampiniform plexus. On the other hand, MASON et al. [7] and CHIQUOINE [11] attribute cadmium injury to be localized at the capillary bed of the testis. MASON et al. [7] further opine that the injection of cadmium chloride causes acute intertubular edema and increases intratesticular pressure, secondary to the relatively unyielding nature of the tunica albuginea. This, in turn, is followed by hemorrhage, vascular compression and increasing degrees of anoxia culminating rapidly in widespread ischemic necrosis of the seminiferous epithelium. The present results add the possibility that under in vivo condition cadmium ions may leak out of the capillaries due to altered permeability of the endothelium (CHIQUINE [11]), and act directly on the germinal epithelium to destroy it through properties common to other heavy metallic ions. These include formation of complexes with key ligands, poisoning the cellular enzyme systems, and the derangement of cell permeability and the associated transmembrance potentials (PASSOW et al. [12]). It is hardly necessary to reiterate that any one of these factors can result in acute disturbances in the physiology and metabolism of the cells, and their eventual death.
Equally intriguing has been the mechanism by which zinc and selenium protect the tubules from the noxious effects of cadmium. According to PARIZEK [1] cadmium displaces zinc from the seminiferous epithelium, and as such the build up of a local store of this essential microconstituent (zinc) by exogenous administration prevents the characteristic necrotic changes.

However, KAR and KAMBOJ [8] observed that concurrent injection of cadmium chloride and zinc acetate (or selenium dioxide) by the intratesticular route fails to protect the tubules. Admittedly, the present findings on the efficacy of zinc and selenium have added further to the conundrum. It now becomes difficult to decide whether under in vivo condition zinc and selenium oppose cadmium at the level of the testis or before the latter actually reaches the organ. It is, however, interesting that selenium appears to be more potent since even pretreatment of the tubules protects them from the damaging effects of cadmium. Such efficacy is not been seen with zinc. It may be mentioned in passing that according to MASON et al. [7] selenium is about ten times more potent than zinc in antagonizing cadmium action on the seminiferous epithelium.

This investigation was supported by a grant from the Population Council, New York. The authors are grateful to Dr. M. L. DHAR for his interest in this study. Thanks are due to Mr. R. P. SINHA for technical assistance.

Literature

[1] PARIZEK, J.: J. Reprod. Fertil. **1**, 294 (1960).
[2] KAR, A. B. u. R. P. DAS: Acta biol. med. german. **5**, 153 (1960).
[3] KAR, A. B. u. R. P. DAS: Acta endocrinol. [Copenhagen] **40**, 32 (1962).
[4] KAR, A. B. u. V. P. KAMBOJ: Proc. 7th Int. Conf. Planned Parenthood, (1963). Excerpta Medica Foundation, Amsterdam, p. 465.
[5] KAR, A. B., R. P. DAS u. B. MUKERJI: Proc. nat. Inst. Sci. India, Part B **26**, 40 (1960).
[6] GUNN, S. A., T. C. GOULD u. W. A. D. ANDERSON: Arch. Pathology **71**, 274 (1961).
[7] MASON, K. E., J. A. BROWN, J. O. YOUNG u. R. N. NESBIT: Anatom. Rec. **149**, 135 (1964).
[8] KAR, A. B. u. V. P. KAMBOJ: Ind. J. exp. Biol. med. Sci. **3**, 45 (1965).
[9] CHRISTENSEN, A. K. u. N. R. MASON: Endocrinology **76**, 646 (1965).
[10] GUNN, S. A., T. C. GOULD u. W. A. D. ANDERSON: Amer. J. Pathol. **42**, 685 (1963).
[11] CHIQUOINE, A. D.: Anatom. Rec. **149**, 23 (1964).
[12] PASSOW, H., A. ROTHSTEIN u. T. W. CLARKSON: Pharmacol. Rev. **13**, 185 (1961).

Fig. 1. A seminiferous tubule of the rat testis incubated in physiological saline at room temperature for 120 minutes. Note typical features. × 170

Fig. 2. A seminiferous tubule of the rat testis incubated in 0.02 M cadmium chloride solution at room temperature for 30 minutes. Note desquamation and disorganization of the germinal epithelium. × 170

Fig. 3. The seminiferous tubules of the rat testis incubated in 0.02 M cadmium chloride solution at room temperature for 60 minutes. The germinal epithelium is a debris. × 170

Fig. 4. A seminiferous tubule of the rat testis incubated in 0.02 M solution of cadmium chloride + selenium dioxide at room temperature for 60 minutes. Note normal features. × 170

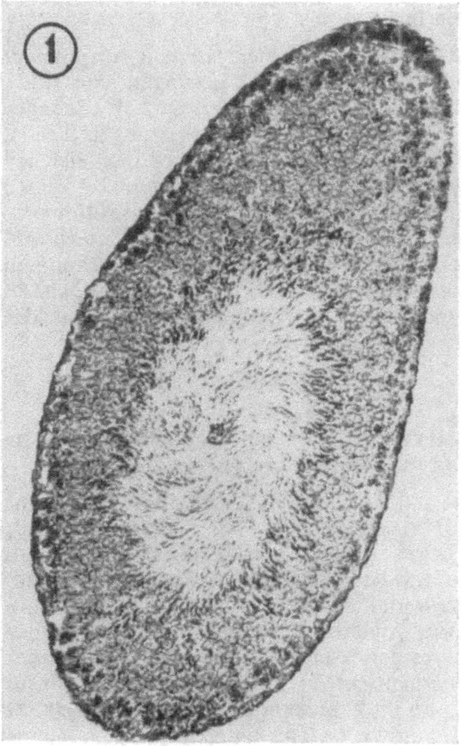
1

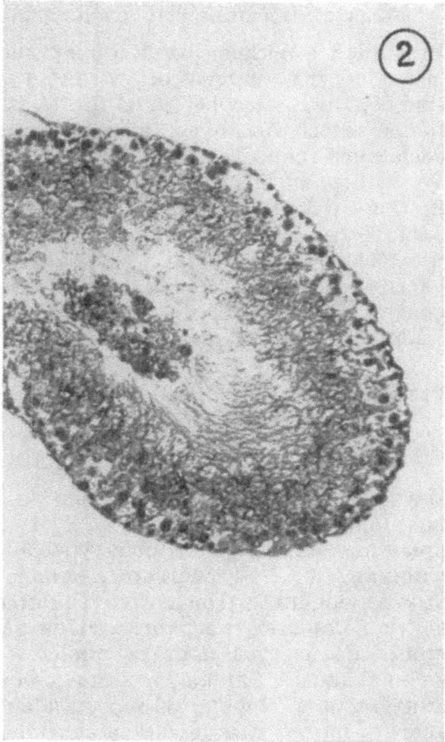
2

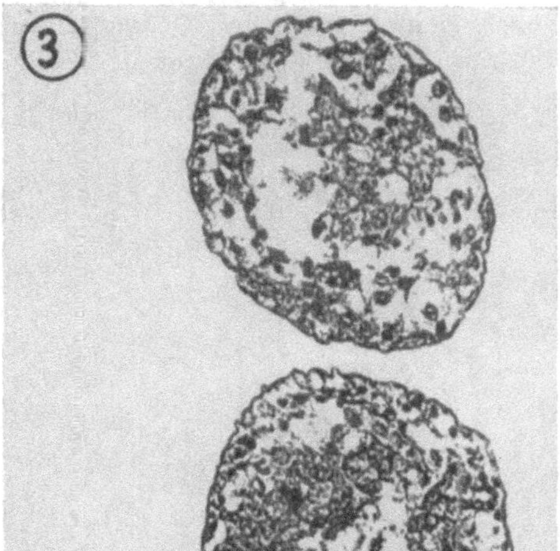
3

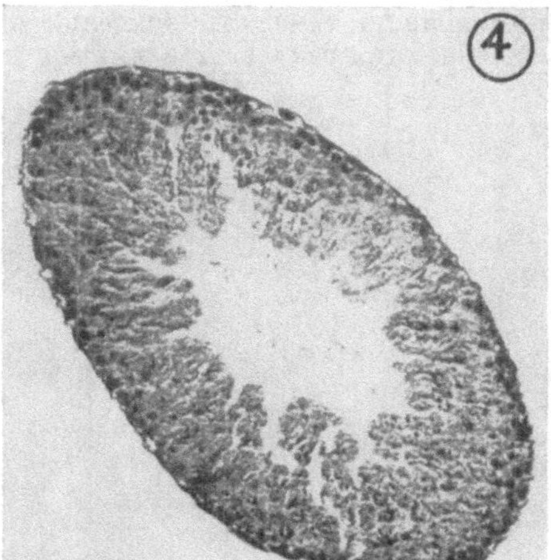
4

Zusammenfassung

A. B. KAR, P. R. DASGUPTA u. Q. JEHAN: Die Wirkung von Kadmiumchlorid auf isolierte Samenröhrchen von Rattenhoden in vitro

Es wurde die Wirkung von Kadmiumchlorid auf isolierte Samenröhrchen von Rattenhoden in vitro untersucht. $1 \cdot 10^4$, $1 \cdot 10^{-3}$ oder $1 \cdot 10^{-2}$ M Lösungen von $CdCl_2$ sind bei Inkubation bei 30 °C für 15 bis 120 min ohne Wirkung. 0,02 M Lösungen führen jedoch zu ausgeprägten degenerativen Veränderungen; das Samenepithel ist nach einer Inkubationszeit von 60 min nahezu völlig zerstört. Unter den gleichen Versuchsbedingungen üben äquimolare Mengen von Zinkazetat und Selendioxid keinen Einfluß auf die Röhrchen aus. Diese beiden Salze antagonisieren jedoch die Kadmiumwirkung bei Inkubation für 60 min in einem Gemisch von 0,02 M Kadmiumchlorid + 0,02 M Zinkazetat oder Selendioxid. Selendioxid scheint eine stärkere Wirkung zu haben, da eine Vorbehandlung von 60 min das Samenepithel gegen die Kadmiumschädigung schützt. Die Bedeutung dieser Befunde für den Wirkungsmechanismus des Kadmiums wird diskutiert.

Резюме

А. Б. Кар, П. Р. Дасгупта и К. Еган: Действие хлорида кадмия на изолированные семенные канальцы яичников крыс in vitro

Изучали действие хлорида кадмия на изолированные семенные канальцы яичников крыс in vitro. $1 \cdot 10^4$, $1 \cdot 1001^{-3}$ или $1 \cdot 100^{-2}$ М растворы $CdCl_2$ при инкубации при температуре 30 °С в течение 15 до 120 минут не оказали влияния. 0,02 М растворы, однако, привели к выраженным дегенеративным изменениям. После инкубации в течение 60 минут семенный эпителий почти полностью разрушен. При тех же условиях эксперимента эквимолярные количества ацетата цинка и двуокиси селена не оказали влияния на канальцы. Однако, эти две соли антагонизируют действие кадмия при инкубации в течение 60 минут в смеси из 0,02 М хлорида кадмия и 0,02 М ацетата цинка или двуокиси селена. Двуокись селена очевидно имеет более сильный эффект, так как предварительная обработка ею в течение 60 минут предохраняет семенный эпителий от повреждения кадмием. Обсуждается значение этих результатов для механизма действия кадмия.

Acta biol. med. german., Band 16, Seite 671—682 (1966)

Aus der Medizinischen Klinik der Medizinischen Akademie Magdeburg
(Direktor: Professor Dr. med. habil. J. Rechenberger)

Untersuchungen zum Pathomechanismus der Gewebsläsionen nach Injektion heterologer Organantiseren bei Ratten

W. Keitel

(Eingegangen am 27. 12. 1965)

Zusammenfassung

1. Bei Injektion absorbierter und nichtabsorbierter gegen Rattenorganantigene gerichteter Antiseren ließ sich eine organspezifische Wirkung der einzelnen Antiseren nicht sichern. Im Vordergrund der morphologischen Veränderungen standen glomeruläre Nierenläsionen, die mit dem Bild der Masugi-Nephritis übereinstimmten. Diese werden so gedeutet, daß der vorwiegende Befall der Glomeruli z. T. auf die physikalische Funktion dieses Organs als Ultrafilter und z. T. auf die besondere Affinität der Antiseren zu den Nieren auf Grund ihrer immunologischen Eigenschaften zurückzuführen ist.
2. Nach Gabe von löslichen Antigen-Antikörperkomplexen und Humanserumfraktionen wurden neben den oben geschilderten Veränderungen auch Befunde im Sinne einer interstitiellen herdförmigen Myokarditis und einer Endokarditis erhoben. Gefäßveränderungen bestanden in einer fibrinoiden Verquellung und einem Gefäßwandödem kleiner Arterien. Diese Veränderungen entsprechen im Charakter und Verteilungstyp denen der menschlichen und tierexperimentellen Serumkrankheit.
3. Die Immunisierung von Ratten mit homologem Gefäßmaterial und Freundschem Adjuvans führte bei einem Teil der Tiere zur Bildung präzipitierender Antikörper gegen Rattengefäß. Histologische Gewebsveränderungen konnten dabei nicht nachgewiesen werden.

Während Masugi [21] in einer seiner früheren Publikationen 1929 eine strenge Organspezifität zytotoxischer Seren annahm, kam er 1935 zu dem Schluß [22], daß die Parenchymveränderungen nach Injektion derartiger Seren sekundär sind und in Abhängigkeit von Gefäßläsionen entstehen. Er konnte nachweisen, daß die Glomerulitis auch nach Gabe von Antileberseren sowie nach wiederholter Verabreichung von Fremdeiweiß ohne Antikörpereigenschaften auftrat [22], [23]. Andere Autoren bestätigten dies bei Verwendung von Pferdeserum [27]. Später mehrten sich noch die Berichte über Möglichkeiten zur unspezifischen Erzeugung der gleichen Organveränderungen. Eine Glomerulitis, die der von Masugi erzielten völlig glich, konnte mit Antilungenseren [2], Antiseren gegen Kaninchenplazenta [31] und -aorta [36] erzeugt werden. Spühler und Mitarbeiter [35] erweiterten diese Befunde noch und lösten Nierenläsionen bei Kaninchen mit Antiseren von Enten gegen Lungen-, Hirn-, Muskel- und Lebergewebe vom Kaninchen aus. Es ist jedoch auch möglich, durch einmalige Gabe von

Abkürzungen: Anti-GR = Antiserum gegen Rattengefäß; Anti-LR = Antirattenleberserum; Anti-HR = Antirattenherzserum; Anti-NR = Antirattennierenserum und Anti-SR = Antiserum gegen Rattenserumproteine

Fremdprotein eine Nephritis zu erzeugen. Sitte [32] beobachtete elektronenoptisch bereits 30 min nach i.v. Injektion von Rinderserum bei Ratten eine Verdickung der Basalmembran der Glomerulumschlingen und später eine Verquellung des Endothels. Er betonte, daß die Veränderungen der Masugi-Nephritis der Ratte entsprachen. Mellors und Brzosko [25] injizierten lösliche Antigen-Antikörper (Ag-Ak-Kpl.)-Komplexe bei Mäusen, die in den Glomeruli und im RES bevorzugt fixiert wurden. Dieser Vorgang war von einer Proteinurie und von strukturellen Veränderungen begleitet, die denen der menschlichen Glomerulonephritis ähnelten. Da die Wirkung sofort eintrat und keine immunologische Beziehung der Immunkomplexe zur Niere bestand, mußte die physikalische Retention der Proteine durch das glomeruläre Ultrafilter als Ursache dieser Art der Glomerulitis angesehen werden.

Wir stellten uns die Frage, ob durch Injektion serologisch genau definierter heterologer Antiorgan- und homologer und heterologer Antigefäßseren spezifische, d. h. auf das homologe Organ beschränkte Gewebsläsionen zu erzielen sind oder ob auf unspezifische immunologische Reize ähnliche Veränderungen auftreten.

Versuchsansatz und Methodik

Es wurden 62 weibliche Albinoratten in 18 Versuchsgruppen verwendet, dazu kamen 6 ohne Behandlung getötete Tiere als Kontrollen. Die verabreichten Präparate können in 3 Typen eingeteilt werden:

1. Absorbierte und nichtabsorbierte Antiseren von Kaninchen gegen Rattenantigene. Immunisierung durch insgesamt 18 i.v. Injektionen von je 0,2 g Proteinantigen im Abstand von 2—3 Tagen. Die Titer im Ringpräzipitationstest betrugen zwischen 1:200 und 1:6400, der Proteingehalt lag bei 7,5 bis 9,0 g%. Durch Geldiffusionsuntersuchungen [16], [17] war festgestellt worden, daß in den einzelnen Antiseren 7—10 Partialantikörper vorhanden sind. Nach Absorption mit verschiedenen Organhomogenaten und Rattenserum reduzierte sich die Zahl der Antikörper auf 5 bzw. 6, die spezifisch gegen das zur Immunisierung benutzte Antigen gerichtet waren.

2. Zu Vergleichszwecken setzten wir unspezifische immunologische Reize wie Fremdeiweißinjektionen und lösliche Antigen-Antikörperkomplexe verschiedener Spezifität.

3. Weiter wurde versucht, durch intramuskuläre Verabreichung von homologem Gefäßantigen und Adjuvantien morphologische Veränderungen zu erzeugen.

Die unter 1 und 2 aufgeführten Stoffe wurden in die Schwanzvene injiziert. Blutentnahmen durch Kupieren des Schwanzes, Tötung durch Äther. Übliche Aufbereitung der Organe zur histologischen Untersuchung. Bei jedem Tier wurden folgende Organe untersucht: Herz, Lunge, Nieren, Leber, Aorta. Außer von der Aorta (6 Schnitte) ließen wir von jedem Organ 3 Schnitte in größeren Stufen vornehmen. Färbungen: HE, Sudan und Fibrinfärbung (Weigert).

Die Art und Menge der verabreichten Stoffe sowie der Zeitpunkt der Tötung sind aus Tabelle 1 ersichtlich.

Von den absorbierten Antiseren wurde diejenige Absorptionsstufe injiziert, bei der im Geldiffusionstest keine Banden mehr gegen das zur Absorption benutzte Antigen nachweisbar waren.

Der Geldiffusionstest wurde nach der Methode von Ouchterlony [28] (Objektträger, Abstand zwischen den Auftragsstellen 2 mm) durchgeführt. Zur Herstellung der löslichen Antigen-Antikörperkomplexe dienten Antiseren gegen Humanserum (Ag-Ak-Kpl. I), Rattenserum (Ag-Ak-Kpl. II) sowie gegen Rinderleber vom Kaninchen (Ag-Ak-Kpl. III) und die homologen Antigene. Die Reaktionspartner wurden im Verhältnis 1:6, bei dem keine Präzipitate mehr auftraten, verwendet.

Tabelle 1

Anordnung der Versuche

Gruppe	Tierzahl	Verabreicht	Menge [ml]	Zeitpunkt der Tötung [Tag]
1	4	Kaninchennormalserum	3	3. u. 7.
2	4	Antiserum gegen Rinderniere	3	3. u. 7.
3	4	Anti-GR	1 u. 3	3. u. 7.
4	4	Anti-LR	1 u. 3	3. u. 7.
5	4	Anti-LR, abs. mit NR	1 u. 3	4. u. 7.
6	4	Anti-NR	1 u. 3	3. u. 7.
7	4	Anti-NR, abs. mit GR	1 u. 3	3. u. 7.
8	4	Anti-HR	1 u. 3	3. u. 7.
9	4	Anti-SR	3	3. u. 7.
10	4	Humanalbumin 20%	2,5	10. u. 20.
11	4	Humanglobulin 16%	3	10. u. 20.
12	2	Humanalbumin Reinj. am 11. Tag	2	20. u. 40.
13	2	Humanglobulin Reinj. am 11. Tag	2	20. u. 40.
14	2	lösliche Ag-Ak-Kpl. I	2	10. u. 20.
15	2	lösliche Ag-Ak-Kpl. II	2	10. u. 20.
16	2	lösliche Ag-Ak-Kpl. III	2	10. u. 20.
17	4	Rattengefäßsubst. + Aluminiumgel	0,2	30. u. 40.
18	4	Rattengefäßsubst. + FREUNDsches Adjuvans	0,2	30. u. 40.

Ergebnisse

Morphologische Veränderungen

Die Ratten wurden während und bis 30 min nach der Injektion genau beobachtet. Es traten weder anaphylaktische Schockreaktionen noch Todesfälle bei einem der Versuchstiere auf. Auch makroskopische Organveränderungen fehlten bis auf eine leichte Vergrößerung und Blässe der Nieren bei Tieren, die, wie spätere histologische Untersuchungen zeigten, eine ausgeprägte Glomerulitis hatten. Histologische Veränderungen wurden generell nur bewertet, wenn sie entweder in mehreren Tieren einer Gruppe oder in einem Tier in allen Schnitten deutlich nachweisbar waren.

Gruppe 1 und 2: Kontrolltiere injiziert mit Kaninchennormalserum und Antiserum gegen Rinderniere. Verquellung der Herzklappen, die elastischen Fasern waren durch ein fibrinpositives Exsudat auseinandergedrängt. In einigen vorwiegend subkapsulär gelegenen Glomeruli waren die Schlingen verdickt und verklebt. In den Tubuli Eiweißansammlungen (Zylindrurie). Leber: diffuse Hyperämie, Sternzellaktivierung. Lunge und Aorta o. B.

Gruppe 3—9: Injektion absorbierter und nicht absorbierter Antiorganseren. Zum Teil starkes Herzklappenödem mit Dissoziation der Elastika. 30—100% veränderte Glomeruli mit verdickten, blassen, kernreichen Schlingen. Pralle Ausfüllung des Kapselraumes. Zylindrurie. Die Ver-

Tabelle 2

Übersicht über die in den Gruppen 1—18 erhobenen histologischen Befunde der Tierexperimente

Gruppe	Herz	Lunge	Niere	Leber
1. u. 2. Kan.-NS, Anti-NB	Klappen-verquellung	o. B.	minimale Glomerulitis	o. B.
3. Anti-GR	Klappen-verquellung	o. B.	mittlere Gl.	perivask. Infilt.
4. Anti-GR	Klappen-verquellung	o. B.	mittlere Gl.	Infiltrat in Glissonfeld
5. Anti-LR (absorb.)	Klappen-verquellung	o. B.	geringe Gl.	reichlich Sternzellknötchen
6. Anti-NR	o. B.	o. B.	mittlere bis starke Gl.	o. B.
7. Anti-NR (absorb.)	Klappen-verquellung	o. B.	mittlere Gl.	o. B.
8. Anti-SR	Klappenränder aufgelockert	o. B.	minimale Gl.	o. B.
9. Anti-SR	Klappenränder aufgelockert	o. B.	geringe Gl.	perivask. Infilt. (Zentralvene)
10. Human-albumin	Klappen-verquellung	Hyperämie	o. B.	o. B.
11. Human-globulin	interstit. herdförmige Myokarditis	Wandödem kleiner Lungengefäße	stärkste Gl.	o. B.
12. Albumin-reinjekt.	Gefäßwand-ödem	Gefäßwand-ödem	minimale Gl.	o. B.
13. Globulin-reinjekt.	Gefäßwand-ödem, Myo-karditis	schwerstes Gefäßwand-ödem	starke Gl.	o. B.
14. Ag-Ak-Kpl.II	Klappenränder verdickt	Wandödem kleiner Lungengefäße	minimale Gl.	o. B.
15. Ag-Ak-Kpl. II	interstit. herdförmige Myokarditis	o. B.	stärkste Gl.	reichlich Sternzellknötchen
16. Ag-Ak-Kpl. III	Endokarditis, Myokarditis	Gefäßwand-ödem	starke Gl.	o. B.
17. GR-Alum.-gel.	o. B.	o. B.	o. B.	o. B.
18. GR-FREUND-Adjuvans	o. B.	o. B.	o. B.	o. B.

änderungen fielen bei Injektion des Antigefäßserums am stärksten, bei Gabe von Antirattenserum am geringsten aus. In der Leber gelegentlich perivaskuläre Infiltrate im Zentralvenenbereich, aus retikulohistiozytären Elementen bestehend (Abb. 1). Sternzellaktivierung. Lunge und Aorta: ohne pathologische Veränderungen.

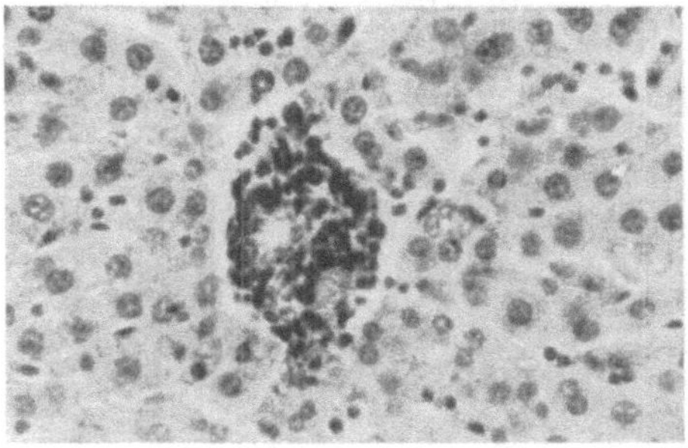

Abb. 1. Leber nach Injektion von Anti-SR. Infiltrat um eine Zentralvene

Gruppe 10—13: Ein- und zweimalige Injektion von Humanalbumin bzw. -globulin. Nach einmaliger Albumininjektion traten nur Veränderungen auf, wie sie auch in den Kontrollgruppen 1 und 2 beobachtet wurden. In den übrigen Gruppen: Herzklappenverquellung, massive herdförmige lymphohistiozytäre Infiltrationen des Myokards im Sinne einer interstitiellen Myokarditis (Abb. 2). Die Koronargefäße wiesen zum Teil ein schweres Wandödem auf. Das Lumen der mittleren und kleinen Lungengefäße war durch ein fibrinpositives Mediainsudat eingeengt (Abb. 3). An der Niere Verände-

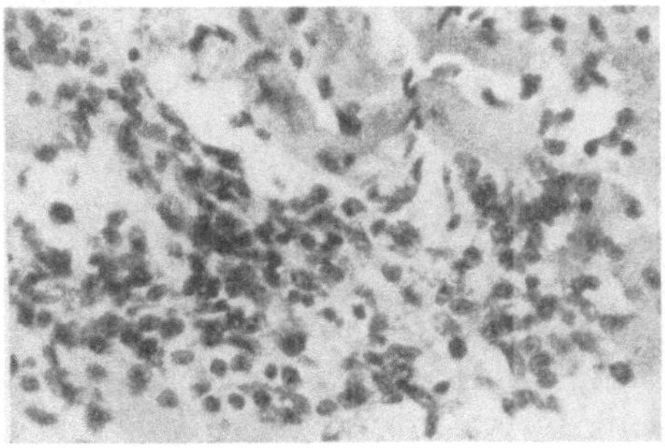

Abb. 2. Myokard nach zweimaliger Globulininjektion. Ziemlich großes, interstitielles lockeres rheumatoides Infiltrat; beginnende Zerstörung einzelner Muskelfasern

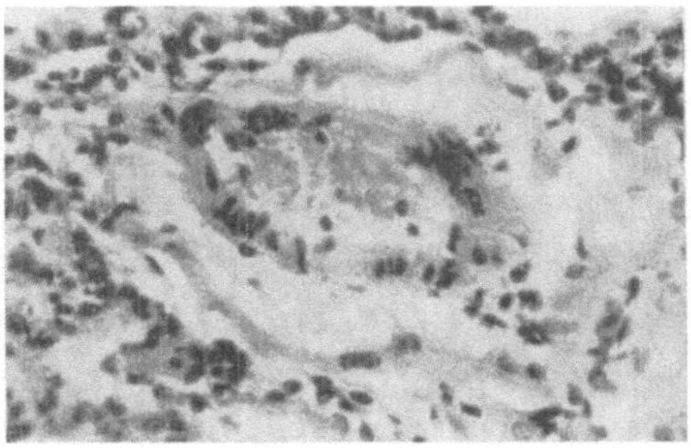

Abb. 3. Bronchialarterien nach einmaliger Globulininjektion. Die Gefäßwandschichten sind durch ein Wandödem auseinander gedrängt; die Ödemflüssigkeit ist fibrinpositiv

rungen im Sinne einer akuten bis subakuten Glomerulitis. Leber und Aorta waren nicht verändert. Die genaue Aufteilung der Läsionen auf die einzelnen Gruppen ist in Tabelle 2 enthalten. Die unterschiedlichen Befunde der einzelnen Versuchsgruppen müssen zum Teil auf die geringe Anzahl der Versuchstiere zurückgeführt werden.

Gruppe 14—16: Injektion löslicher Antigen-Antikörperkomplexe. Herz: Verdickung der Klappenränder, chronisch entzündliche knötchenförmige histiozytäre Infiltrate mit örtlicher Zerstörung der Muskelfasern. Verruköse Wandendokarditis (Abb. 4). Lunge: Plasma und Fibrininsudationen in die mittleren und kleinen Bronchialarterien. Niere: entzündliche Veränderungen sämtlicher Glomeruli von leichter Kernvermehrung bis zur Pränekrose

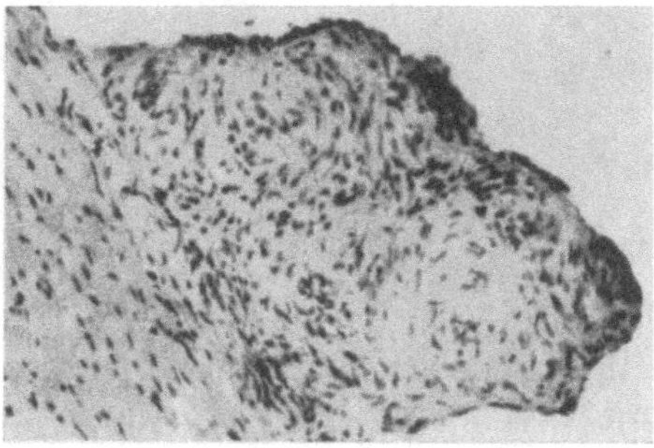

Abb. 4. Endokard nach Injektion löslicher Ag-Ak-Kpl. III. Warzenförmige Auflagerung vorwiegend aus Histiozyten bestehend; einzelne Lymphozyten

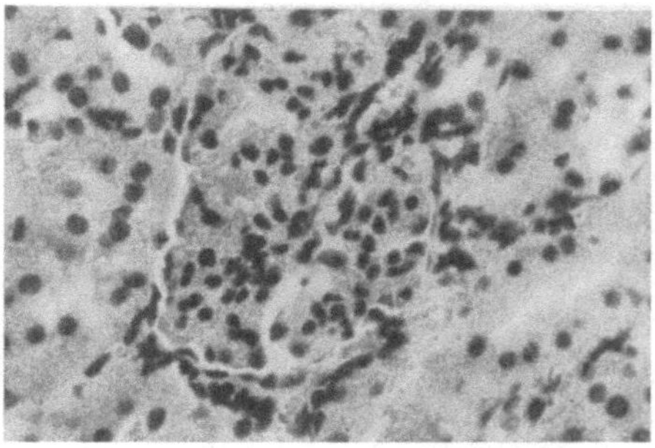

Abb. 5. Glomerulum nach Injektion löslicher Ag-Ak-Kpl. II. Einzelne Schlingen sind untereinander verklebt, Adhäsionen

der Glomerulumschlingen reichend. Unscharfe Abgrenzung der zum Teil schattenhaften Glomeruli gegenüber der Umgebung. Stärkste Ausprägung der Glomerulitis vor allen Gruppen (Abb. 5). In der Leber Aktivierung des retikulohistiozytären Apparates.

Gruppe 17—18: Injektion homologen Gefäßmaterials als Aluminiumgelkomplex bzw. zusammen mit Freundschem Adjuvans. Keine sicheren histologischen Veränderungen.

Die Stärke der einzelnen pathologischen Veränderungen war innerhalb der Versuchsgruppe wechselnd und ging der injizierten Menge Antiserum meist parallel. Der Zeitpunkt der Tötung spielte für das histologische Bild keine sehr große Rolle. Die Nierenveränderungen bestanden bei den früh untersuchten Tieren vorwiegend in einer Vergrößerung der Glomeruli mit Ausfüllung des Kapselraumes, Schlingenverklebung, Proteinurie und gelegentlicher Eiweißansammlung im Kapselraum. Spätveränderungen waren Pränekrosen mit Kernpyknosen, beginnender Hyalinisierung der Schlingen und Deformierung des Glomerulum. Jedoch waren alle Veränderungen der akuten bis höchstens subakuten Form der Glomerulonephritis zuzuordnen, Bilder eines subchronischen Stadiums wurden auch bei den 20 Tage überlebenden Tieren nie beobachtet. Dagegen konnten bei ihnen die oben beschriebenen Frühveränderungen neben den späteren Befunden des subakuten Stadiums nachgewiesen werden.

Serologische Untersuchungen

Nach Injektion der löslichen Ag-Ak-Kpl. I (Humanserum-Antihumanserum) sowie der Humanproteine wurden den Ratten am 1., 10. und 20. Tage Blut entnommen. Das Serum der jeweiligen Gruppe wurde gepoolt und im Ringpräzipitationstest auf das Vorhandensein menschlicher Serumproteine untersucht. Wir wollten damit feststellen, wie lange die Antigen-Antikörperkomplexe im Serum im Vergleich zu den Humanproteinen nachweisbar sind. Tabelle 3 zeigt die Ergebnisse der ersten Titration einen Tag nach Injektion.

Tabelle 3

Titer der im Rattenserum einen Tag nach Injektion noch nachweisbaren Humanproteine

	Rattenserumverdünnung					
	1:500	1000	2000	4000	8000	16000
Gruppe 10 (Humanalbumin)	4	3	3	2	1	(1)
Gruppe 11 (Humanglobulin)	3	2	1	(1)	0	0
Gruppe 14 (Ag-Ak-Kpl. I)	2	1	1	0	0	0

Die unterschiedliche Titerhöhe in den Gruppen erklärt sich aus den Eigenschaften des Antihumanserums, das überwiegend Albuminantikörper enthielt, und aus der unterschiedlichen Menge des injizierten Humanproteins.

Nach 10 Tagen betrug der Titer der noch im Rattenserum nachweisbaren Humanproteine für alle 3 Gruppen 1:80, nach 20 Tagen war nur noch bei den mit Albumin behandelten Tieren ein positiver Testausfall in einer Rattenserumverdünnung von 1:5 nachweisbar.

Bei den Tieren der Gruppe 10—14, die am häufigsten Gefäßläsionen aufwiesen, und bei den mit homologem Gefäßmaterial behandelten Gruppen 17 und 18 versuchten wir, Gefäßantikörper im Serum nachzuweisen. Bei 3 von 4 Tieren der Gruppe 18 (injiziert mit homologem Gefäßhomogenat und FREUNDschem Adjuvans) konnten Präzipitine gegen Rattengefäßsubstanz im Geldiffusionstest nachgewiesen werden. Die Reaktionen mit anderen Organhomogenaten (Nieren, Herz, Leber) fielen negativ aus.

Diskussion

Die Besprechung der glomerulitischen Veränderungen soll an den Anfang gestellt werden. Nach Injektion normalen Kaninchenserums und Antiserum von Kaninchen, das gegen Rinderniere gerichtet war, und serologisch keinerlei Kreuzreaktionen mit Rattengewebsantigene zeigte, traten glomeruläre Veränderungen auf, die als leichte Stadien einer Glomerulonephritis gedeutet werden müssen. Auch die oben angeführten Beobachtungen einer nephrotoxischen Wirkung von Antiseren, die gegen Nichtnierenantigene gerichtet sind, fanden ihre volle Bestätigung. Hier waren die Veränderungen jedoch deutlich stärker ausgeprägt als bei den nur mit normalem Kaninchenserum behandelten Tieren. Besonders wirksam erwies sich neben dem Antinierenserum selbst das Antigefäßserum, während nach Gabe von Antiserum gegen Rattenherz die Läsionen nur gering waren. Das ist umso auffallender, als in früheren serologischen Untersuchungen [16], [17] das Herzhomogenat eine weitgehende Antigengemeinschaft mit der Gefäßsubstanz aufwies.

Das Antiherzserum war jedoch das mit dem niedrigsten Titer und man wird wohl nicht fehlgehen, wenn man annimmt, daß außer der Spezifität des Antiserums auch dessen Stärke für das Ausmaß, nicht jedoch für den Charakter der Schädigung eine Rolle spielt. Hervorzuheben ist weiter, daß die absorbierten Antiseren gegen Rattenniere und -leber, die keinerlei serologische Kreuzreaktionen gegen andere Gewebsantigene aufwiesen, quantitativ und qualitativ die gleichen Veränderungen hervorriefen wie die unabsorbierten Antiseren.

Es stellt sich jetzt die Frage, wie man die morphologisch anscheinend einheitlichen, durch unterschiedliche Mechanismen hervorgerufenen Nierenveränderungen auf einen Nenner bringen kann. Wir schließen uns dabei Letterer [20] an, der den entzündlichen Kapillarschaden in den Mittelpunkt seiner Betrachtungen rückt. Dieser kann durch viele Arten der Sensibilisierung hervorgerufen werden. Seine Lokalisation hängt weitgehend von den unterschiedlichen funktionellen Gegebenheiten der Endstrombahn ab. Das häufige, oft sogar alleinige Befallensein der Glomeruli läßt sich somit durch die Art ihrer Funktion als Filtrations- und Ausscheidungsorgan ohne weiteres erklären. Über diese funktionell bedingte Bevorzugung der Niere hinaus werden die Gewebsantiseren sich aber auch wegen ihrer serologischen Eigenschaften dort lokalisieren. Das trifft sowohl für die nierenspezifischen als auch für die anderen Organantiseren auf Grund ihrer weitgehend übergreifenden Spezifität zu. Das würde den quantitativen Unterschied gegen einmalige unspezifische immunologische Reize erklären.

Gefäßschädigungen der verschiedensten Art wurden bei Versuchstieren sowohl als Nebenbefund bei dem Versuch der Erzeugung anderweitiger Organläsionen als auch gezielt nach sehr unterschiedlichen Maßnahmen beobachtet. Die hauptsächlichsten tierexperimentellen Versuchsanordnungen bestanden in einer Sensibilierung mit Fremdserum [6], [7], [9], [11], [12], [18], [19], [23], [26], [27], [29], in einer Verabreichung von löslichen Antigen-Antikörperkomplexen [1], [11], [24], im passiven Anaphylaxieversuch [5], [10] und der Injektion von Gewebsantiseren [3]. Aber auch durch nichtimmunologisch wirksame Mittel, wie eine mechanische Läsion der Nieren [34], [35] und durch Gabe eines Benzanthrazenderivates [13] konnten Gefäßveränderungen hervorgerufen werden. Diese bestanden in einer Purpura, Gefäßwandverquellung, Endangitis und Perivaskulitis bis zum ausgeprägten typischen Bild der Periarteriitis nodosa und nekrotisierenden Angiitis.

Außerhalb des Gefäßapparates wurden am häufigsten eine Glomerulitis und Endomyokarditis beobachtet. Einige der zitierten Arbeiten bedürfen im Zusammenhang mit unseren Befunden eine nähere Besprechung. Der vorliegenden Versuchsanordnung am ähnlichsten bezüglich der Gefäßantiseren sind die von CLARK und JACOBS [3] mitgeteilten Untersuchungen aus der japanischen Literatur, die sie durch eigene Experimente erweiterten. Die Autoren fanden nach Injektion eines Antigefäßserums von Kaninchen bei Meerschweinchen und Mäusen eine generalisierte Purpura und schlossen daraus auf eine organspezifische Wirkung der Antiseren. Sämtliche von den Autoren zur Immunisierung verwendeten Tierarten gehörten jedoch der Meerschweinchengruppe an, so daß bei der Sensibilisierung der Kaninchen mit der Bildung von FORSSMAN-Antikörpern zu rechnen ist. Absorptionsuntersuchungen wurden nur in geringem Umfang und nicht zu dem Zweck durchgeführt, die FORSSMAN-Antikörper zu beseitigen. Auch lassen die Untersuchungsergebnisse selbst die Annahme einer spezifischen Wirkung des Antigefäßserums nicht zu, da auch Antiseren anderer Spezifität die gleichen Veränderungen bewirkten.

Im Zusammenhang mit den durch lösliche Ag-Ak-Komplexe hervorgerufenen pathologischen Veränderungen interessieren deren Eigenschaften überhaupt. ROSENBERG et al. [30] konnten durch Injektion solcher Komplexe anaphylaktische Reaktionen beim Meerschweinchen und eine Antikörperbildung dagegen erreichen. ISHIZAKA et al. [14] wiesen nach, daß die Kapillarpermeabilität durch sie gesteigert wird und fanden die Wirkungsstärke abhängig von den Antikörpereigenschaften. MELLORS und BRZOSKO [25] verfolgten bei Mäusen den Weg der Ag-Ak-Komplexe im Körper durch Immunofluoreszenz. Sie wurden sofort in den Zellen des RES, in Granulozyten, den Glomeruli und im Kapillarendothel von Herz und Lunge fixiert. Nach 48 Std. jedoch war ihre vorwiegende Lokalisation in den Keimzentren der weißen Milzpulpa, wo sie anfangs nur in geringer Konzentration nachweisbar waren. Diese neue Verteilung schreiben die Autoren der antikörperbildenden Funktion der Keimzentren zu.

Auf Grund dieser etwas ausführlicher geschilderten Befunde muß man feststellen, daß die bei unseren Untersuchungen erhaltenen Formen und Verteilungstypen der pathologischen Veränderungen am ehesten denen entsprechen, die durch einmalige oder wiederholte Gabe von Fremdproteinen oder löslichen Ag-Ak-Komplexen hervorgerufen werden. Es handelt sich um glomeruläre Schädigungen, eine Perivaskulitis, Verquellung der Arterienwände sowie herdförmige granulomatöse Infiltrationen des Klappenringes und Myokards.

Wenn man versucht, eine Entsprechung der von uns experimentell durch Fremdeiweißinjektion oder Verabreichung löslicher Antigen-Antikörperkomplexe hervorgerufenen Veränderungen im klinischen Bereich zu suchen, so bietet sich sowohl vom morphologischen Befund als auch von der Pathogenese her die Serumkrankheit an. Hier finden sich die in unserem Material nachweisbaren histiozytären Proliferationen des Wand- und Klappenendokards, die Aktivierung des interstitiellen mesenchymalen Gewebes im Myokard und anderen Organen, die Arteriitis und Perivaskulitis der kleinen Gefäße in Herz und Lunge sowie die glomerulären Veränderungen (CLARK und KAPLAN [4]). Was die Pathogenese der Serumkrankheit angeht, so haben die Untersuchungsbefunde vieler Autoren (zusammenfassend DIXON und Mitarbeiter [8]) über jeden Zweifel hinaus ergeben, daß die morphologischen Veränderungen durch eine Antigen-Antikörper-Reaktion hervorgerufen werden, daß diese Reaktion beginnt, wenn der Empfängerorganismus anfängt, Antikörper zu produzieren, während das Antigen sich noch im Blut oder Gewebe befindet und daß mit der fortgesetzten Bildung von Antikörpern das Antigen eliminiert wird und die Krankheitserscheinungen verschwinden. Am Anfang der Antikörperproduktion ist die Bedingung gegeben, daß sich im Antigenüberschuß lösliche Ag-Ak-Komplexe bilden. Diese werden, wie oben ausgeführt wurde, in verschiedenen Gefäßabschnitten und den Glomeruli bevorzugt gebunden und rufen dort die Gewebsläsionen hervor. Zum Zustandekommen morphologischer Veränderungen sind aber, wie die eigenen Untersuchungen und die zitierten Beobachtungen von SITTE zeigen, nicht nur die Ag-Ak-Komplexe, sondern auch Fremdproteine ausreichend. Minuten bis Stunden nach der Fremdeiweißgabe, wenn eine Antikörperbildung noch nicht eingesetzt haben kann, sind Veränderungen zumindest der Glomeruli vorhanden. Wie diese Schädigungen im einzelnen zustandekommen, kann bisher nur vermutet werden.

Literatur

[1] BENACERRAF, B. u. P. G. H. GELL: IInd Internat. Sympos. Immunopathology· B. Schwabe & Co., Basel/Stuttgart 1962, S. 136.
[2] CHIKAMITSU, H.: Folia endocrinol. japon. **16**, 85 (1940).
[3] CLARK, W. G. u. E. JACOBS: Blood **8**, 320 (1953).
[4] CLARK, E. u. B. I. KAPLAN: Arch. Pathology **24**, 458 (1937).
[5] COHEN, S. G., F. R. FRANKE u. E. L. KARLSON: J. Allergy **22**, 160 (1951).
[6] COHEN, S. G. u. T. M. SAPP: J. infect. Diseases **105**, 124 (1959).
[7] COHEN, S. G. u. T. M. SAPP: J. Lab. clin. Med. **58**, 644 (1961).
[8] DIXON, F. J., J. J. VACQUEZ, W. O. WEIGLE u. C. G. COCHRANE: A.M.A. Arch. Pathology **65**, 18 (1958).
[9] EMMRICH, R. u. H. PETZOLD: Klin. Wschr. **30**, 488 (1952).
[10] GERMUTH, F. G., C. FLANAGAN u. M. R. MONTENEGRO: Bull. Johns Hopkins Hosp. **101**, 149 (1957).
[11] GERMUTH, F. G. u. R. H. HEPTINSTALL: J. exp. Medicine **101**, 58 (1957).
[12] GERMUTH, F. G. u. G. E. MCCINNON: Bull. Johns Hopkins Hosp. **101**, 13 (1957).
[13] HARTMANN, H. A., E. C. MILLER u. J. A. MILLER: Proc. Soc. exp. Biol. Med. **101**, 626 (1959).
[14] ISHIZAKA, K., T. ISHIZAKA u. D. A. CAMPELL: J. Immunology **83**, 105 (1959).
[15] KEITEL, W.: Habilitationsschrift, Med. Akad. Magdeburg, 1964.
[16] KEITEL, W.: Z. Immunit. Allergieforsch. **129**, 326 (1965).
[17] KEITEL, W.: Z. Immunit. Allergieforsch. **129**, 336 (1965).
[18] KLINGE, F.: Beitr. pathol. Anatom. allg. Pathol. **83**, 185 (1929).

[19] Knepper, R.: Virchow's Arch. pathol. Anatom. Physiol. klin. Med. **296**, 364 (1936).
[20] Letterer, E.: Dtsch. med. Wschr. **78**, 512 (1953).
[21] Masugi, M.: Trans. Japan Pathol. Soc. **19**, 132 (1929).
[22] Masugi, M.: Klin. Wschr. **84**, 373 (1935).
[23] Masugi, M. u. T. Isibasi: Beitr. pathol. Anatom. allg. Pathol. **96**, 391 (1936).
[24] McCluskey, R. T., B. Benacerraf, J. L. Potter u. F. Miller: J. exp. Medicine **111**, 181 (1960).
[25] Mellors, R. C. u. W. J. Brzosko: J. exp. Medicine **115**, 891 (1962).
[26] Metz, W.: Beitr. pathol. Anatom. allg. Pathol. **88**, 17 (1932).
[27] More, R. H. u. D. Waugh: J. exp. Medicine **89**, 741 (1959).
[28] Ouchterlony, Ö.: Progr. Allergy **8**, 30 (1962).
[29] Rich, A. R. u. J. E. Gregory: Bull. Johns Hopkins Hosp. **72**, 65 (1943).
[30] Rosenberg, L. T., M. H. Shandler u. E. F. Fishel: Proc. Soc. exp. Biol. Med. **100**, 649 (1959).
[31] Seegal, D. C. u. E. N. Loeb: J. exp. Medicine **84**, 211 (1946).
[32] Sitte, H.: Verh. dtsch. Ges. Pathol. **43**, 225 (1959).
[33] Smith, C. C. u. P. M. Zeek: Amer. J. Pathol. **23**, 147 (1947).
[34] Smith, C. C., P. M. Zeek u. J. McGuire: Amer. J. Pathol. **20**, 721 (1944).
[35] Spühler, O., H. O. Zollinger u. M. Enderlein: Schweiz. med. Wschr. **81**, 904 (1951).
[36] Strehler, E.: Verh. dtsch. Ges. inn. Med. **56**, 188 (1950).

Anschrift des Verfassers: Dr. med. habil. W. Keitel, Medizinische Klinik der Medizinischen Akademie Magdeburg

Summary

W. Keitel: Studies on the pathomechanism of tissue lesions following the injection of heterologous organic antisera in rats

1. Injecting absorbed and unabsorbed antisera against rat organic antigens, the authors were unable to affirm an organspecific effect of any antiserum tested. Morphologic changes generally included glomular lesions of the kidneys which were in agreement with the picture of the Masugi nephritis. The preferred affection of the glomeruli is believed to be due to the physical function of this organ as ultra filter, on the one hand and to the particular affinity of the antisera to the kidneys owing to their immunologic properties, on the other.

2. Following the administration of soluble antigen-antibody complexes and human serum fractions, changes occurred in terms of an interstitial focal myocarditis and an endocarditis besides the changes described above. The vasal changes included a fibrinoidal swelling and a wall edema of the small arteries. These changes are in accordance with the character and the distribution pattern of those in the human and the experimentally induced animal serum sickness.

3. Immunization of the rats with homologous vasal material and Freund's adjuvant led to the formation of precipitating antibodies against the rat vessel in a part of the animals. Histologic changes of the tissue could not be detected.

Резюме

В. Кейтель: Исследования о патомеханизме повреждений ткани после инъекции гетерологических органных антисывороток у крыс

1. При инъекции поглощенных и непоглощенных антисывороток, направленных против органных антигенов крыс, не удалось достоверно установить

органспецифичное действие отдельных антисывороток. Морфологические изменения заключались в основном в гломерулярных повреждениях почек, совпадающих с картиной нефрита Мазуги. Предполагается, что преимущественное поражение глумерул с одной стороны связано с физической функцией этого органа как ультрафильтр и с особенным сродством антисывороток к почкам вследствие их иммунологических свойств, с другой стороны.

2. После дачи растворимых антиген-антитело-комплексов и фракций человеческой сыворотки наблюдались, кроме описанных выше изменений, признаки в смысле интерстициального очагового миокардита и эндокардита. Изменения стен сосудов заключались в фибриноидном набухании и в отеке стен мелких артерий. Эти изменения соответствуют по характеру и типу распределня изменениям сывороточной болезни человека и животного в эксперименте.

3. Иммунизация крыс гомологичным сосудистым материалом и адъювантом Фройнда привела у части животных к образованию преципитирующих антител против крысиных сосудов. Гистологические изменения ткани при этом не наблюдались.

Acta biol. med. german., Band 16, Seite 683—695 (1966)

Aus dem Institut für experimentelle Endokrinologie der Humboldt-Universität (Charité), Berlin (Direktor: Prof. Dr. G. DÖRNER)

Zur Spezifität der immunologischen Bestimmung von Choriongonadotropin in der Hämagglutinationshemmung

W. ROHDE und G. DÖRNER

(Eingegangen am 21. 1. 1966)

Zusammenfassung

Anti-HCG-Kaninchensera, gewonnen durch Immunisierung mit einem HCG-Präparat von 1500 IE/mg, werden auf ihre Spezifität in der Geldiffusion, Immunoelektrophorese, Hämagglutination und Hämagglutinationshemmung unter Zuhilfenahme der präparativen Agargelelektrophorese untersucht. Während immunoelektrophoretisch 6—7 Eiweißkomponenten im Normalhumanserum und Schwangerenserum durch ein Anti-HCG-Serum angezeigt werden, wird die unspezifische Aktivität in der Hämagglutinationshemmungsreaktion nur durch Fraktionen aus der Agargelelektrophorese im Albumin-α_1-Globulinbereich bei der Auftrennung von HCG, Normalhumanserum, Schwangerenserum und Nephroseurinextrakt verursacht. Da auch eine albuminfreie Serumfraktion diese Reaktion zeigt, wird α_1-Globulin, das auch im HCG-Präparat deutlich nachweisbar ist, für die unspezifische Aktivität der untersuchten Proben verantwortlich gemacht.
Auf Grund der Ergebnisse könnten falsch positive Ausfälle im immunologischen Schwangerschaftstest bei Ausschluß gonadotroper Aktivitäten auf das Vorhandensein von α_1-Globulin zurückgeführt werden.

In den letzten 5 Jahren hat sich die immunologische Bestimmung von Humanchoriongonadotropin (HCG) als schneller und einfach durchzuführender Schwangerschaftstest bewährt. Es wurden verschiedene Techniken eingeführt: Hämagglutinationshemmung (WIDE und GEMZELL [37], SWIERCZYNSKA und SAMOCHOWIEC [32]), Präzipitation (MCKEAN [21]), Komplementbindung (BRODY und CARLSTRÖM [2]) und Radioimmunologie (WILDE et al. [39]). Hiervon haben sich vor allem als Routinemethoden die Hämagglutinationshemmung und ihre Modifikationen durch Einführung von Latexpartikeln als sehr empfindliche Methoden durchgesetzt und finden in Form von industriellen Testbestecken eine umfangreiche Anwendung.

Die in diesen Testen verwendeten Anti-HCG-Kaninchensera werden gewöhnlich durch Immunisierung mit HCG-Handelspräparaten, deren Aktivität 1000—3000 IE/mg betragen dürfte, gewonnen. Verglichen mit dem bisher reinsten HCG-Präparat von 12000 IE/mg (GOT und BOURRILLON [12]) ist der Anteil an Ballaststoffen in den Handelspräparaten mit 75—90% anzunehmen. Hinsichtlich der Eiweißanteile wurden

Abkürzungen: HCG = Choriongonadotropin; HHG = hypophysäres Gonadotropin; NHS = Normalhumanserum; NeUE = Nephroseurinextrakt; SUE = Schwangerenurinextrakt; NUE = Normalurinextrakt durch Immunodiffusionstechniken die Heterogenität dieser Präparate und die Heterospezifität der gegen sie gerichteten Antisera nachgewiesen (GOT et al. [11], MIDGLEY et al. [22], RAO und SHAHANI [27], KEELE et al. [19], HAMASHIGE und ARQUILLA [16], BRODY und CARLSTRÖM [3], HIPKIN [17]). Die hormonspezifische biologische Aktivität ließ sich dagegen nur einer Eiweißkomponente zuordnen (MIDGLEY et al. [22], LUNENFELD et al. [20]). Weiterhin muß eine zwischen hypophysärem Luteinisierungshormon und Anti-HCG-Kaninchenserum bestehende Kreuzreaktion (WIDE et al. [38], BUTT et al. [4], GOSS und TAYMOR [9], TAYMOR et al. [33], SHAHANI und RAO [30], GOSS und LEWIS [10], PAUL und ROSS [25]) bei der Frage nach der Spezifität der immunologischen Bestimmung von HCG berücksichtigt werden.

Aufgabe dieser Arbeit ist es, den Einfluß nichthormonspezifischer Serum- und Urineiweiße auf die Hämagglutinationshemmungsreaktion unter Verwendung eines Anti-HCG-Kaninchenserums, das mit einem HCG-Präparat von 1500 IE/mg hergestellt wurde, zu überprüfen.

Material und Methodik

Anti-HCG-Kaninchenserum: Zur Immunisierung wurde eine nach dem von SCHÄFER und THIEME [28] angegebenen Verfahren hergestellte HCG-Präparation (Gonabion, VEB Arzneimittelwerk Dresden) mit einer Aktivität von 1500 IE/mg benutzt. Kaninchen mit einem Gewicht von 3—4 kg wurden über 4 Wochen in dreitägigen Abständen unter Zusatz von kompletten FREUNDschen Adjuvans s.c. und i.m. injiziert. Die Einzeldosis pro Injektion betrug 10000 IE. Nach zwei weiteren Wochen erfolgte eine Boosterinjektion i.v. Weitere Booster wurden in Abständen von 6—8 Wochen verabreicht. Die Titer wurden in der Hämagglutination bestimmt und lagen zwischen 10000—100000.

Anti-Humanserum-Kaninchenserum: Die Immunisierung erfolgte nach einem ähnlichen Schema i.m., s.c., i.p. und i.v. ohne Verwendung eines Adjuvans.

Absorption von Anti-HCG-Serum: Die Sera wurden nach der von BRODY und CARLSTRÖM [3] angegebenen Methode absorbiert oder zweimal für 24 Std. bei 4 °C mit 20 mg Normalurinextrakt pro ml Serum behandelt unter Zusatz von 0,5 ml Meerschweinchenkomplement.

Agargeldiffusion: Die Doppeldiffusionsstudien wurden modifiziert nach OUCHTERLONY [24] durchgeführt unter Verwendung eines Zitronensäure-Veronalnatrium-Puffers, *p*H 8,6, μ 0,25.

Immunoelektrophorese: Die Mikromethode nach SCHEIDEGGER [29] und die Makromethode nach GRABAR und WILLIAMS [13] wurden modifiziert unter Verwendung von Veronalpuffer nach MICHAELIS, *p*H 8,2, μ 0,1, ausgeführt. Die Platten wurden mit Amidoschwarz 10 B in Methanol-Eisessigsäure-Gemisch (9:1) gefärbt.

Hämagglutination- und Hämagglutinationshemmungsreaktion: Die von BOYDEN [1] entwickelte Technik wurde leicht modifiziert. Die Tannierung der Hammelerythrozyten erfolgte bei einer Tanninsäurekonzentration von 1:20000 bei 37 °C für 20 min. Die für die Beladung optimale HCG-Konzentration wurde in Vorversuchen mit 300 IE/ml Erythrozytensuspension ermittelt. Beladen wurde bei 37 °C für 25 min. Nach dreimaligem Waschen mit gepuffertem, 1:200 verdünntem Normalkaninchenserum wurde eine 2,5%ige Erythrozytensuspension in 1:100 verdünntem, gepuffertem Normalkaninchenserum dargestellt. Das Normalkaninchenserum wurde vor Gebrauch inaktiviert und zweimal für 24 Std. bei 4 °C mit unbehandelten Hammelerythrozyten absorbiert.

Die für den Test notwendige Verdünnung des Anti-HCG-Kaninchenserums wurde jeweils in einem Vorversuch ermittelt, so daß eine Empfindlichkeit von 1 IE/ml eingehalten wurde.

Die Verdünnung der Testsubstanzen bzw. der Standardsubstanzen erfolgte in Phosphatpuffer-NaCl, *p*H 6,4, in geometrischer Reihe (Faktor 2 oder 1,26). Als Standard wurde ein HCG-Hausstandard verwendet und in zwei Verdünnungsreihen zu 10 IE/ml und 50 IE/ml angesetzt.

Präparative Agargelelektrophorese: Gut vorgereinigter 1%iger bakteriologischer Fadenagar (nach Courcon und Uriel [6]) in Veronalpuffer nach Michaelis, *p*H 8,2, μ 0,05, wurde auf 23 · 26 cm Platten vergossen bei einer Schichtdicke von 3—4 mm. Die Auftrennung der aufgetragenen Substanzen erfolgte bei 240 V, 50—60 mA über eine Zeit von 5 Std. Als Elektrodenpuffer wurde Michaelis-Puffer gleicher Ionenstärke verwandt. Die Platte wurde eisgekühlt. Nach der Elektrophorese wurde die Agargelschicht im Winkel von 90° zur Auftrennungsrichtung in 5 mm breite Streifen geteilt, die Streifen zerstückelt, in Gaze gewickelt und über Nacht bei —20 °C eingefroren. Die dann aufgetauten Gazetampons wurden ausgepreßt.

Ein nach der Zerteilung der Gelschicht auf der Platte verbleibender Abschnitt wurde wie in der Makroelektrophorese (Grabar und Williams [13]) weiterbehandelt und diente als Kontrolle über die Art der Auftrennung.

Ergebnisse

Geldiffusion

Mit Anti-HCG-Kaninchenserum werden in der Doppeldiffusion gegen HCG (1500 IE/mg) 4 Präzipitationslinien, gegen Normalhumanserum (NHS), Normalurinextrakt (NUE), Nephroseurinextrakt (NeUE) und Schwangerenurinextrakt (SUE) je 3 Linien, gegen HHG (AWD Dresden, 25 IE FSH (II. I.R.P.) und 40 IE HCG-Äquivalente/mg) 4 Linien zur Darstellung gebracht (Abb. 1).

Abb. 1. Geldiffusion nach Ouchterlony: Schematische Darstellung der Präzipitationslinien von Choriongonadotropin (HCG), hypophysärem Gonadotropin (HHG), Normalhumanserum (NHS), Nephroseurinextrakt (NeUE), Schwangerenurinextrakt (SUE), Normalurinextrakt (NUE) gegen natives Anti-HCG-Kaninchenserum

Gegen ein in oben angegebener Weise absorbiertes Anti-HCG-Kaninchenserum kamen mit HCG und HHG eine Linie zur Darstellung, während mit den anderen getesteten Proben keine Präzipitation zu beobachten war.

Immunoelektrophorese

Das HCG-Präparat (1500 IE/mg) zeigt in der Immunoelektrophorese gegen natives Anti-HCG-Serum 8 Präzipitationslinien (Abb. 2). Das Präzipitationsbild ist dem des Pregnyls (Organon, 2500 IE HCG/mg) sehr ähnlich. Wurde ein Anti-HCG-Serum verwendet, das nach einer Kurzimmunisierung von 14 Tagen gewonnen wurde, so zeigten sich nur zwei Präzipitationslinien: Eine im $\alpha_2\beta$-Globulinbereich und eine Linie im α_1-Globulinbereich.

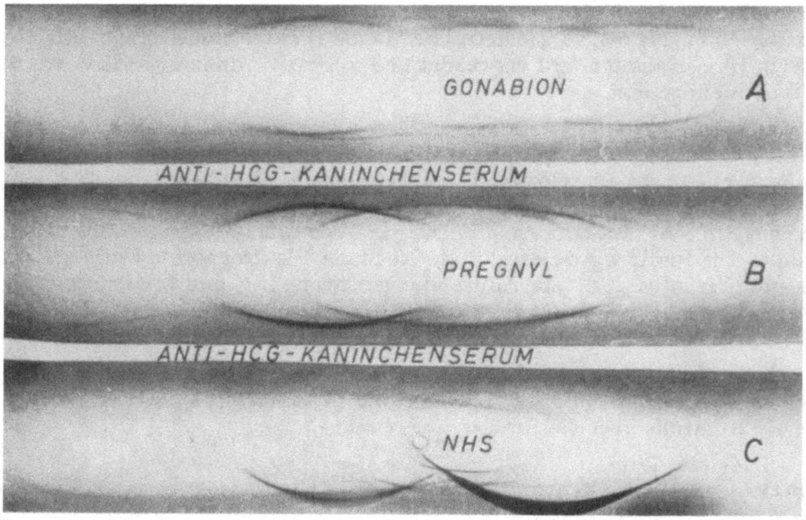

Abb. 2. Immunoelektrophorese von HCG-Präparaten.
A = Gonabion (1500 IE/mg); B = Pregnyl (2500 IE/mg); C = Kontrolle: Normalhumanserum gegen Anti-Humanserum-Kaninchenserum

HCG ergibt in der Immunoelektrophorese gegen ein Anti-Humanserum-Kaninchenserum 4 Linien: Zwei Linien im Albumin-α_1-Globulinbereich, eine Linie im β-Globulinbereich, eine schwache Linie im γ-Globulinbereich (Abb. 7 B). Gegen ein Anti-Humanserum-Pferdeserum wird besonders die α_1-Globulinkomponente deutlich (Abb. 7 C). Von einem Anti-Humanalbumin-Kaninchenserum wird eine Albuminkomponente im HCG nur schwach angezeigt, während α_1-Globulin und γ-Globulin deutlich zur Darstellung kommen (Abb. 3).

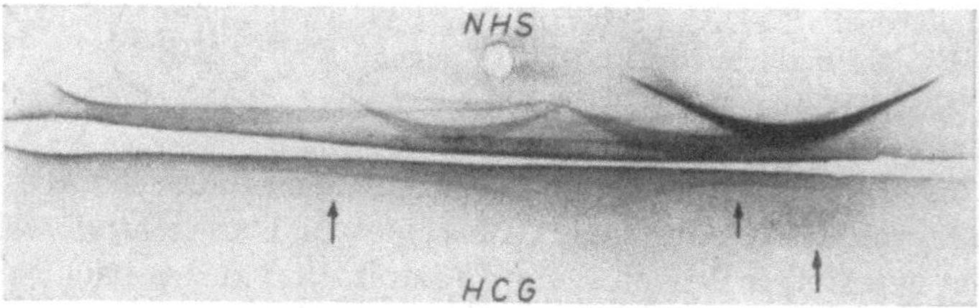

Abb. 3. Immunoelektrophorese von HCG und Normalhumanserum (NHS) gegen Anti-Humanalbumin-Kaninchenserum

Das Anti-HCG-Serum zeigt im Normalhumanserum 6, im Schwangerenserum 7 Komponenten an, wobei es Albumin, ein α_1-Globulin, zwei α_2-Globuline, ein β-Globulin und ein γ-Globulin zur Darstellung bringt (Abb. 5 B). Bei Schwangerenserum ist zusätzlich eine Komponente im $\alpha_2\beta$-Globulinbereich nachweisbar. Im HCG-Präparat lassen sich mit dem gleichen Antiserum

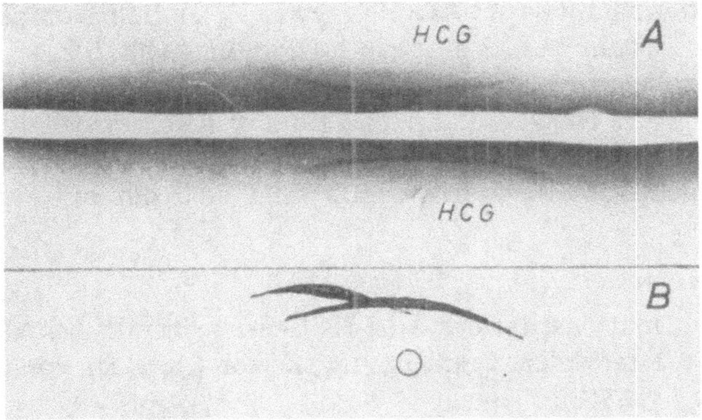

Abb. 4 A. Immunoelektrophorese von HCG (Gonabion, 1500 IE/mg) gegen absorbiertes Anti-HCG-Kaninchenserum.

B. Schematische Darstellung von A

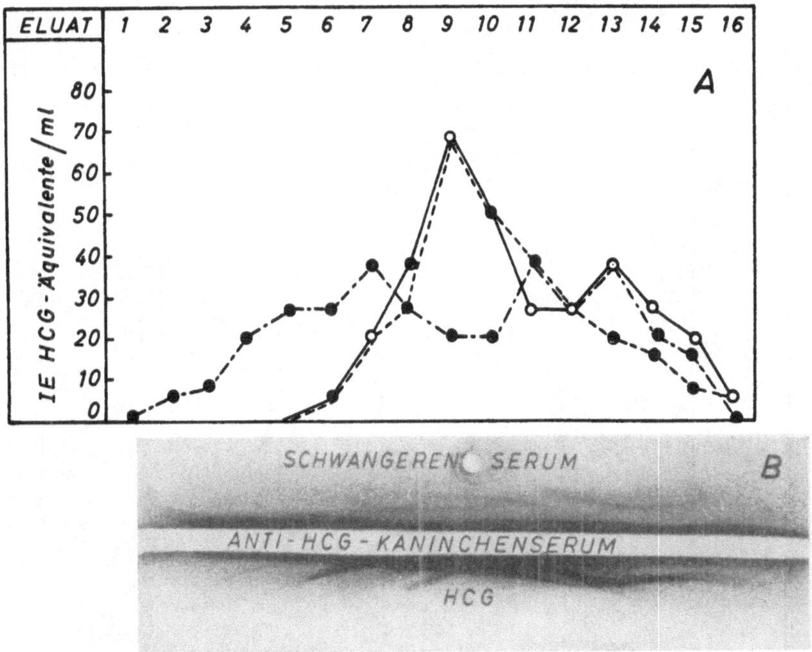

Abb. 5. A. Aktivität von zonenelektrophoretisch aufgetrenntem HCG in der Hämagglutinationshemmung.

○———○ = HCG-Anti HCG System (natives Antiserum);

●-·-·-● = HCG-Anti HCG System (absorbiertes Antiserum);

●- - - -● = NUE-Anti HCG System (natives Antiserum).

B. Immunoelektrophorese (korrespondierend zu A) von HCG (1500 IE/mg) und Schwangerenserum gegen natives Anti-HCG-Serum

5 Komponenten nachweisen: Albumin, zwei α_2-Globulinkomponenten, eine Linie im $\alpha_2\beta$-Globulinbereich und ein γ-Globulin (Abb. 6 B).

Mit einem in oben angegebener Weise absorbierten Anti-HCG-Serum entwickeln sich gegen HCG zwei Linien: Eine deutlich ausgebildete Linie im $\alpha_2\beta$-Globulinbereich und eine weniger deutliche zum β_2-Globulinbereich verschobene Linie. (Abb. 4). Gegen HHG zeigt sich nur eine Linie im $\alpha_2\beta$-Globulinbereich.

Hämagglutination

Der Hämagglutinationstiter des Anti-HCG-Serums sinkt bei Absorption um ein oder zwei Titerstufen (Verdünnungsfaktor 2), z. B. von 1:50000 auf 1:25000 oder 1:12500.

Werden die Erythrozyten mit Normalurinextrakt beladen, so liegt der Titer des nativen Anti-HCG-Serums um 3—4 Titerstufen höher als bei Verwendung von HCG-beladenen Erythrozyten. Der Titer der absorbierten Sera liegt bei Verwendung von urinextraktbeladenen Erythrozyten um 4 Titerstufen niedriger gegenüber dem Nativserum.

Präparative Agargelelektrophorese

HCG: Die Prüfung der Eluate in der Hämagglutinationshemmung (HCG-Anti HCG-System) zeigt ein Maximum der Aktivität im $\alpha_2\beta$-Globulinbereich.

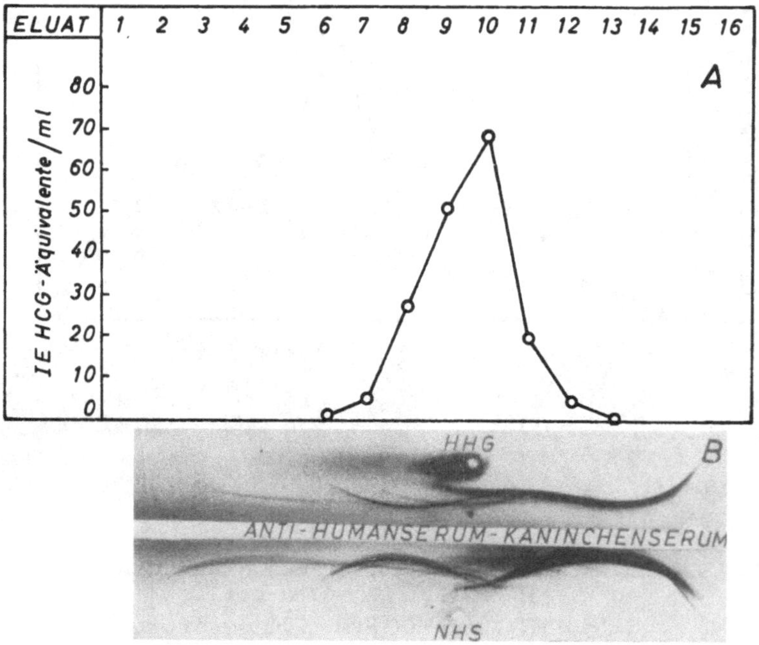

Abb. 6. A. Aktivität von zonenelektrophoretisch aufgetrenntem HHG in der Hämagglutinationshemmung (HCG-Anti HCG-System).

B. Immunoelektrophorese (korrespondierend zu A) von HHG und Normalhumanserum gegen Anti-Humanserum-Kaninchenserum

Außerdem ist eine deutliche Hemmung im Albumin-α_1-Globulinbereich zu beobachten. Werden die Eluate mit absorbiertem Anti-HCG-Serum getestet, so wird der Gipfel im α_1-Globulinbereich wesentlich abgeschwächt, während der Gipfel im $\alpha_2\beta$-Globulinbereich unverändert bleibt (Abb. 5).

Bei der Testung der Eluate mit NUE-beladenen Erythrozyten unter Verwendung von nativem Anti-HCG-Serum sind vier Gipfel nachweisbar: Im Albumin-α_1-Globulin-, α_2-Globulin-, β_2-Globulin- und im γ-Globulinbereich.

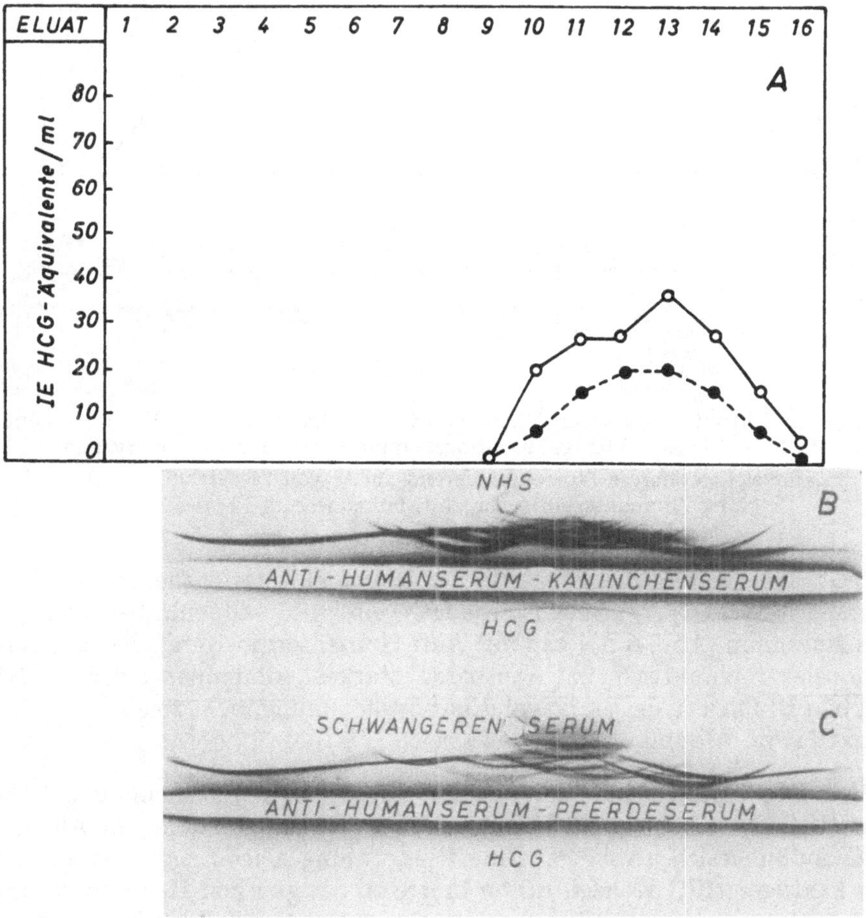

Abb. 7. A. Aktivität von zonenelektrophoretisch aufgetrenntem Normalhumanserum (○——○) und Schwangerenserum (●– – –●) in der Hämagglutinationshemmung (HCG-Anti HCG-System).

B. Immunoelektrophorese (korrespondierend zu A) von Normalhumanserum und HCG gegen Anti-Humanserum-Kaninchenserum.

C. Immunoelektrophorese (korrespondierend zu A) von Schwangerenserum und HCG gegen Anti-Humanserum-Pferdeserum

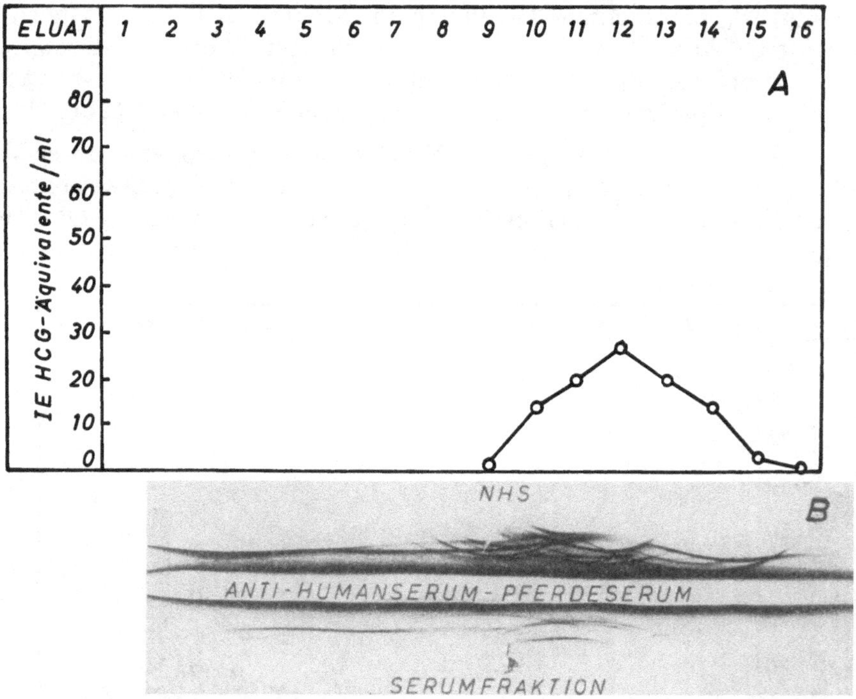

Abb. 8. A. Aktivität von zonenelektrophoretisch aufgetrennter „β-Human Globulin Fraktion" in der Hämagglutinationshemmung (HCG-AntiHCG System).
B. Immunoelektrophorese (korrespondierend zu A) von „β Globulin Fraktion" und Normalhumanserum gegen Anti-Humanserum-Pferdeserum

HHG: Die Testung der Eluate in der Hämagglutinationshemmung (HCG-AntiHCG-System) ergab ebenso wie HCG ein im $\alpha_2\beta$-Globulinbereich liegendes Maximum (Abb. 6 A): Ein mit Anti-Humanserum-Kaninchenserum immunoelektrophoretisch nachweisbarer starker Albuminanteil des HHG (Abb. 6 B) führt in der Hämagglutinationshemmung nicht zu einer erhöhten Aktivität im Albumin-α_1-Globulinbereich.

NHS: Die Testung der Eluate in der Hämagglutinationshemmung (HCG-AntiHCG-System) zeigt ein deutliches Maximum der Hemmung im Albumin-α_1-Globulinbereich (Abb. 7). Eine Überprüfung eines Schwangerenserums mit niedriger HCG-Konzentration führte zu der gleichen Hemmungskurve. Die Auftrennung einer albuminfreien Serumfraktion („β-Fraktion", Fluka A.G., Schweiz) ergab ebenfalls ein Maximum der Hemmung im α_1-Globulinbereich (Abb. 8).

NeUE: Die Prüfung der Eluate in der Hämagglutinationshemmung (HCG-AntiHCG-System) zeigt eine deutlich erhöhte Hemmung im Albumin-α_1-Globulinbereich an (Abb. 9).

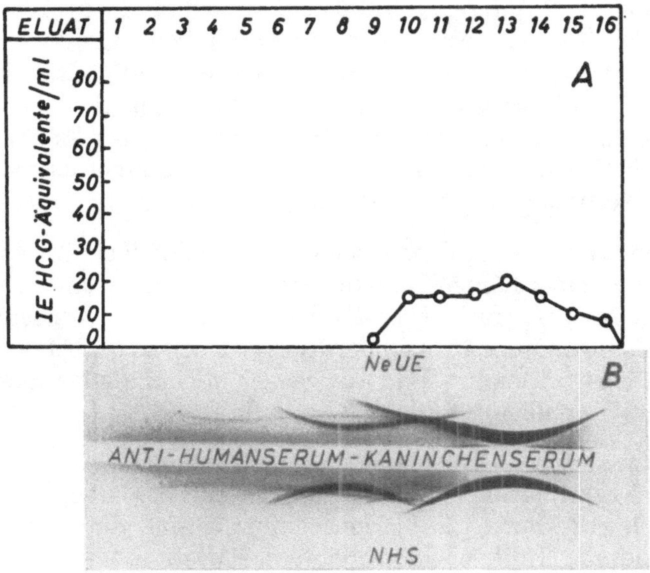

Abb. 9. A. Aktivität von zonenelektrophoretisch aufgetrenntem Nephroseurinextrakt (NeUE) in der Hämagglutinationshemmung (HCG-AntiHCG-System).
B. Immunoelektrophorese (korrespondierend zu A) von Nephroseurinextrakt (NeUE) und Normalhumanserum gegen Anti-Humanserum-Kaninchenserum

Diskussion

Die im Handel erhältlichen HCG-Präparate werden durch mehrstufige Extraktionsverfahren aus Schwangerenurin gewonnen. Obwohl in diesen Verfahren eine für therapeutische Zwecke ausreichende Anreicherung des Hormons erreicht wird, muß bei Verwendung dieser Präparate in immunologischen Testmethoden mit störenden Verunreinigungen in Form von Urineiweißen gerechnet werden. Antisera zu HCG wurden von verschiedenen Untersuchern auf ihre Heterogenität mit Doppeldiffusionsmethoden untersucht (Midgley et al. [22], Keele et al. [19], Brody und Carlström [3], Hipkin [17]). Die Zahl der beobachteten Komponenten differiert bei den einzelnen Autoren nur wenig, und unsere Ergebnisse stimmen mit diesen Beobachtungen überein.

Eine weitere Differenzierung ist jedoch erst in der immunoelektrophoretischen Untersuchung möglich, wo sich in Übereinstimmung mit den Arbeiten von Got et al. [11] sowie Midgley et al. [22] 8—10 Präzipitationslinien gegenüber 3—4 Linien in der Doppeldiffusion für ein HCG-Präparat von 1000—2500 IE/mg darstellen lassen.

Die Tatsache, daß das Anti-HCG-Serum in der Lage ist, 6—7 Komponenten in normalem menschlichen Serum anzuzeigen, weist darauf hin, daß die verunreinigenden Eiweiße den entsprechenden Komponenten im Serum sehr ähnlich sind bzw. mit diesen eine Kreuzreaktion ergeben. Wie Grant

[14], WEBB et al. [34] und erst kürzlich GRIEBLE et al. [15] zeigen konnten, sind im Ultrafiltrat von Normalurin 14 Proteinkomponenten nachweisbar, die enge Beziehungen zu den Plasmaeiweißen zeigen: Präalbumin, Albumin, Orosomukoid, drei α_1-Globuline, α_2Z-Globulin, Ceruloplasmin, Transferrin, zwei γ-Globuline und drei weitere. Ausgenommen das Mukoprotein nach TAMM und HORSFALL, fanden sich keine Proteine nichtplasmatischen Ursprungs im Normalurin.

Der Nachweis von einer α_1-Globulinkomponente durch ein Anti-HCG-Serum — gewonnen in einer kurzen Immunisierungsperiode — läßt vermuten, daß dieser Anteil des Präparats neben HCG in relativ hoher Konzentration vorliegt bzw. seine Antigenität besonders hoch ist. GOT et al. [11] wiesen ebenfalls neben einer Albumin- und schwachen β-Globulinkomponente einen deutlichen α_1-Globulinanteil nach.

Die Verhältnisse in den Immunodiffusionsexperimenten sind nicht einfach auf die Hämagglutination bzw. Hämagglutinationshemmung zu übertragen. Im Vergleich zur Hämagglutinationshemmung sind die Doppeldiffusionsmethode und die Immunoelektrophorese Verfahren mit weit geringerer Empfindlichkeit. Die aufzutrennende Substanz wie auch das Antiserum werden bei der Immunodiffusion in relativ hoher Konzentration verwendet, während in der Hämagglutinationstechnik nur Bruchteile dieser Agentien eingesetzt werden. In der BOYDEN-Technik werden einmal die Konzentration der verunreinigenden Eiweiße, mit denen die Erythrozyten beladen werden, und die Konzentration der gegen sie gerichteten Antikörper entscheidend sein. Die Ergebnisse in der Immunodiffusion sind nur als Hinweis zu werten und eine direkte Überprüfung der unspezifischen Einflüsse auf die Hämagglutinationshemmung erweist sich als notwendig.

Unsere Ergebnisse aus der präparativen Agargelelektrophorese zeigen, daß nicht alle unspezifischen Substanzen, die im HCG-Präparat nachweisbar sind, in der Hämagglutinationshemmung eine nachweisbare Aktivität ausüben, sondern nur im Albumin-α_1-Globulinbereich eine deutliche Aktivität zu ermitteln war. Die übrigen Substanzen werden erst wirksam, wenn man mit einem Normalurinextrakt belädt. Auch im Serum — einem höher konzentrierten Eiweißgemisch — tritt die Hemmung nur im Albumin-α_1-Globulinbereich auf. Der Befund, daß in einem HHG-Präparat mit einer starken Albuminkomponente keine, in einer albuminfreien Serumfraktion bei nachweisbarem α_1-Globulin dagegen eine deutliche Hemmung in diesem Bereich zu beobachten ist, berechtigt zu der Annahme, daß die unspezifische Aktivität durch α_1-Globulin verursacht wird.

MORITZ und ILLEI [23] beobachteten, daß α-Globulin-beladene Erythrozyten von HCG-Antiseren agglutiniert werden, während Erythrozyten, mit Rinder-LH, FSH, PMS und anderen Human-Serumfraktionen beladen, nicht mit dem Antiserum reagierten.

Das im $\alpha_2\beta$-Globulinbereich gemessene Maximum bei der Auftrennung von HCG- und HHG-Präparaten ist hormonspezifisch für HCG und im Sinne einer Kreuzreaktion hormonspezifisch für LH im HHG.

Der Vergleich eines absorbierten Anti-HCG-Serum mit dem nativen Antiserum in der Hämagglutinationshemmung (Abb. 5 A) macht deutlich, daß die unspezifischen Antikörper — vor allem gegen α_1-Globulin gerichtete Antikörper — durch den Absorptionsvorgang nicht vollständig eliminiert wurden, obwohl in der Doppeldiffusion nur eine Linie gegen HCG nachgewiesen werden kann.

Die immunoelektrophoretische Darstellung von zwei Komponenten im HCG-Präparat mit absorbiertem Antiserum kann auf eine unvollständige bzw. ausbleibende Absorption einer nicht hormonspezifischen Komponente oder auf das Vorhandensein von zwei hormonspezifischen Eiweißen zurückgeführt werden. RAACKE et al. [26] konnten bei elektrophoretischer Trennung von HCG-Präparaten (2000—7000 IE/mg) in Stärke zwei hormonwirksame Fraktionen ermitteln.

Bei Anwendung immunologischer Schwangerschaftsteste werden von verschiedenen Untersuchern etwa 3—4% falsch positive Ergebnisse ermittelt (DUBRAUSZKY [7], GODTS und MIGHORST [8], SOOST et al. [31], CARLSSON [5]). Kreuzreagierende hypophysäre Gonadotropine im Urin bedingen einen positiven Ausfall nur bei stark erhöhten Werten, wie sie beispielsweise in der Menopause beobachtet werden. Viel häufiger jedoch dürfte ein falsch positives Testergebnis durch den Ablauf unspezifischer Antigen-Antikörper-Reaktionen bedingt sein. DUBRAUSZKY [7] beschreibt falsch positive Ausfälle bei Frauen mit entzündlichen Erkrankungen, regressiven Vorgängen, Geschwülsten, aber auch bei Frauen mit Funktionsstörungen und bei Gesunden.

JENSEN und STØA [18] untersuchten Urine von Patienten mit bösartigen extragenitalen Tumoren und fanden bei 13 von 17 Fällen einen positiven Ausfall bei negativem biologischen Testergebnis. Der Ausfall war besonders deutlich bei Metastasenträgern. WEICKER et al. [35] konnten kürzlich ein kleinmolekulares α_1-Glykoprotein in höherer Konzentration im Urin von Patienten mit Neoplasien, aber auch bei Patienten mit entzündlichen Erkrankungen nachweisen.

Diese Befunde und die Ergebnisse unserer Arbeit weisen darauf hin, daß die unspezifische Reaktion in der Hämagglutinationshemmung (HCG-AntiHCG-System) und wahrscheinlich in den Latextesten im wesentlichen auf ein α_1-Globulin zurückgeführt werden kann. Die Eigenschaften dieser Substanz näher zu untersuchen und die Spezifität der immunologischen Bestimmung von HCG durch Elimination der störenden Substanz möglicherweise zu verbessern, soll Gegenstand weiterer Arbeiten sein.

Wir möchten Herrn Prof. Dr. PROKOP (Direktor des Instituts für Gerichtsmedizin der Humboldt-Universität Berlin) für wertvolle methodische Ratschläge, Herrn Dr. SCHÄFER (VEB Arzneimittelwerk Dresden) und Herrn Dr. ANDRASCHKO (Organon) für die Bereitstellung der in dieser Arbeit verwendeten Hormonpräparate, Frau Dr. SEGAL (Institut für Allgemeine Biologie der Humboldt-Universität Berlin) und Herrn Dr. BUNDSCHUH (Institut für Gerichtsmedizin, Humboldt-Universität Berlin) für die Überlassung eines Anti-Humanalbumin-Kaninchenserums bzw. eines Anti-Humanserum-Pferdeserums herzlich danken. Frau JORSCHICK gilt unser Dank für ihre Mitwirkung bei der technischen Durchführung.

Literatur

[1] BOYDEN, S.: J. exp. Medicine **93**, 107 (1951).
[2] BRODY, S. u. G. CARLSTRÖM: Nature [London] **189**, 841 (1961).
[3] BRODY, S. u. G. CARLSTRÖM: Acta endocrinol. [Copenhagen] **42**, 485 (1963).
[4] BUTT, W. R., A. C. CROOKE u. F. J. CUNNINGHAM: Proc. Roy. Soc. Med. **54**, 485 (1961).
[5] CARLSSON, M. G.: Acta endocrinol. [Copenhagen] **46**, 142 (1964).
[6] COURCON, J. u. J. URIEL: Ann. Biol. clin. Nr. **3—4**, 1 (1958).
[7] DUBRAUSZKY, V.: Med. Klin. **59**, 1055 (1964).
[8] GODTS, P. u. J. C. A. MIGHORST: Amer. J. Obstetr. Gynecol. **89**, 590 (1964).
[9] GOSS, D. A. u. M. L. TAYMOR: Endocrinology **71**, 321 (1962).
[10] GOSS, D. A. u. J. LEWIS: Endocrinology **74**, 83 (1964).
[11] GOT, R., G. LEVY u. R. BOURRILLON: Experientia [Basel] **15**, 480 (1959).
[12] GOT, R. u. R. BOURRILLON: Biochim. biophysica Acta [Amsterdam] **42**, 505 (1960).
[13] GRABAR, P. u. C. A. WILLIAMS: Biochim. biophysica Acta [Amsterdam] **10**, 193 (1953).
[14] GRANT, G. H.: J. clin. Pathol. [London] **10**, 360 (1957).
[15] GRIEBLE, H. G., J. COURCON u. P. GRABAR: J. Lab. clin. Med. **66**, 216 (1965).
[16] HAMASHIGE, S. u. E. R. ARQUILLA: J. clin. Invest. **42**, 546 (1963).
[17] HIPKIN, L. J.: Acta endocrinol. [Copenhagen] **50**, 224 (1965).
[18] JENSEN, V. u. K. F. STØA: Nordisk. Med. **73**, 433 (1965).
[19] KEELE, D. K., J. REMPLE, J. BEAN u. J. WEBSTER: J. clin. Endocrinol. Metabolism **22**, 287 (1962).
[20] LUNENFELD, B., C. ISERSKY u. M. C. SHELESNYAK: J. clin. Endocrinol. Metabolism **22**, 555 (1962).
[21] MCKEAN, C. M.: Amer. J. Obstet. Gynecol. **80**, 596 (1960).
[22] MIDGLEY, A. R., G. B. PIERCE, u. W. O. WEIGLE: Proc. Soc. exp. Biol. Med. **108**, 85 (1961).
[23] MORITZ, P. u. G. ILLEI: J. Endocrinology **26**, III (1963).
[24] OUCHTERLONY, O.: Acta pathol. microbiol. scand. **32**, 231 (1953).
[25] PAUL, W. E. u. G. T. ROSS: Endocrinology **75**, 352 (1964).
[26] RAACKE, I. D., C. H. LI u. A. LOHSTROH: Acta endocrinol. [Copenhagen] **17**, 366 (1954).
[27] RAO, S. S. u. S. K. SHAHANI: Immunology **4**, 1 (1961).
[28] SCHÄFER, G. u. H. THIEME: Pharmazie **17**, 74 (1962).
[29] SCHEIDEGGER, J. J.: Int. Arch. Allergy **7**, 103 (1955).
[30] SHAHANI, S. K. u. S. S. RAO: Acta endocrinol. [Copenhagen] **46**, 317 (1964).
[31] SOOST, H. T., W. MEHRING u. G. KNOTE: Med. Klin. **60**, 791 (1965).
[32] SWIERCZYNSKA, Z. u. E. SAMOCHOWIEC: Polski Tygodn. lek. **15**, 1217 (1960).
[33] TAYMOR, M. L., D. A. GOSS u. A. BUYTENDORP: Fertility and Steril. (N. Y.) **14**, 603 (1963).
[34] WEBB, T., B. ROSE u. A. H. SHEHON: Canad. J. Biochem. Physiol. **36**, 1159/1167 (1958).

[35] WEICKER, H., D. KUHN u. H. STEGMANN: Klin. Wschr. **43**, 1209 (1965).
[36] WEISER, P.: Med. Klin. **60**, 485 (1965).
[37] WIDE, L. u. C. GEMZELL: Acta endocrinol. [Copenhagen] **35**, 261 (1960).
[38] WIDE, L., P. ROOS u. C. GEMZELL: Acta endocrinol. [Copenhagen] **37**, 445 (1961).
[39] WILDE, C. E., A. H. ORR u. K. D. BAGSHAWE: Nature [London] **205**, 192 (1965).

Summary

W. ROHDE and G. DÖRNER: Specificity of the immunological determination of chorionic gonadotropin in the haemagglutination-inhibition test

Anti-HCG rabbit sera were obtained by immunization with a HCG preparation containing 1500 IE/mg and investigated for their specificity in gel diffusion, immunoelectrophoresis, haemagglutination and haemagglutination-inhibition combined with the preparative agar-gel electrophoresis. Whereas 6 to 7 protein components are indicated immunoelectrophoretically by anti-HCG serum in normal human sera and sera of pregnant women, the unspecific activity in the haemagglutination-inhibition test is caused in the albumin-α_1-globulin region only, which are obtained in the agar-gel electrophoresis of HCG, normal human serum, serum of a pregnant woman and nephrose urine extract. Since an albuminfree serum fraction shows this reaction too, α_1-globulin, which is clearly detectable also in the HCG preparation, is made responsible for the unspecific activity of the samples investigated.
The findings suggest that, if gonadotrophic activities are excluded, false positive results from immunologic pregnancy tests are due to the presence of α_1-globulin.

Резюме

В. Роде и Г. Дёрнер: О специфичности иммунологического определения гонадотропина хориона в торможении гемагглютинации

Анти-ЧХГ-кроличьи сыворотки, полученные путем иммунизации препаратом ЧХГ в 1500 МЕ/мг, проверяются на их специфичность в гельдиффузии, иммунноэлектрофорезе, гемагглютинации и торможении гемагглютинации с применением метода препаративного электрофореза на агарном геле. В то время, как при иммунноэлектрофорезе обнаруживается 6 до 7 белковых компонентов в нормальной человеческой сыворотке и в сыворотке беременных одной анти-ЧХГ-сывороткой, неспецифичная активность в реакциях торможения гемагглютинации обусловлена лишь фракциями из электрофореза на агарном геле в области альбумин-α_1-глобулина при разделении ЧХГ, нормальной человеческой сыворотки, сыворотки беременных и экстракта нефротической мочи. Так как сывороточная фракция, не содержащая альбумина, показывает эту реакцию, то α_1 глобулин, явно присутствующий в препарате ЧХГ, считается ответственным за неспецифичную активность исследованных образцов. На основе полученных результатов ошибки при иммунологическом определении беременности, исключая гонадотропные активности, можно связать с наличием α_1 глобулина.

Kurzmitteilungen

Acta biol. med. german., Band 16, Seite 696—699 (1966)

Institute of Chemical Technology, Department of the Chemistry of Milk and Fat and Laboratory of Protein Metabolism and Protein Synthesis, Faculty of General Medicine, Charles University, Prague, (Czechoslovakia)

Ceramide-monohexosides and ceramide-dihexosides in lipoproteins of the membranes of fat globules in bovine milk

J. Hladík and Č. Michalec

(Received: 3. 1. 1966)

At the present time little is known about the cerebrosides in bovine milk. Although in 1939 Kurtz and Holm [1] have demonstrated their presence no further specification was established for many years.

Smith and Freeman [2] determined the concentration of glycolipids to be about 6% from the total amount of phospholipids. In a recent paper Morrison and Smith [3] have isolated ceramide-monohexosides and ceramide-dihexosides from spray-dried buttermilk powder by silicic acid chromatography.

The present paper gives the results of our study about the identification of these substances from the lipoproteins of membranes of fat globules in bovine milk.

The isolation of the lipoproteins was realized by a modification of the method according Sasaki and Koyama [4]. Lipids were extracted with ethanol-diethyl ether mixture 1:1. Cerebrosides were separated from the other lipids and phospholipids on silicic acid columns (Spolana, Velvary, ČSSR; particle size 0.075—0.12 mm) according Hladík [5]. Ceramide-monohexosides were eluted with a mixture chloroform-methanol 9:1 and ceramide-dihexosides with chloroform-methanol 8:2. The purity of the fractions was estimated by paper chromatography on Whatman No. 3 paper impregnated with silica gel using chloroform-methanol-ethanol-water 12:1.6:0.4:0.2 as the mobile phase and by thin-layer chromatography on silica gel G/chloroform-methanol-water 65:25:4 [6]. Detection was made with Rhodamine B, cresyl violet or 50% sulphuric acid.

The stability of both fractions of cerebrosides was determined by mild alkaline hydrolysis at 37°. Ceramide-monohexosides were stable also in mild

Table 1
Fatty acid composition of ceramide-monohexosides and ceramide-dihexosides (expressed in weight %)

Fatty acid	Ceramide-monohexosides	Ceramide-dihexosides	Cerebrosides[1]
$C_{10:0}$	1.8	0.6	6.1
$C_{10:1}$	1.5	0.7	0.8
$C_{12:0}$	1.1	2.6	5.6
$C_{13:0}$	0.9	—	0.1
$C_{14:0}$	2.0	3.8	10.8
$C_{15:0\,br}$	1.4	—	—
$C_{15:0}$	1.8	2.3	1.2
$C_{15:1}$	1.3	—	0.2
$C_{16:0\,br}$	1.7	2.1	—
$C_{16:0}$	12.8	17.9	27.6
$C_{16:1}$	3.2	4.6	—
$C_{16:2}$	2.6	2.4	1.4
$C_{17:0}$	1.6	2.2	0.9
$C_{17:1}$	1.8	—	1.1
$C_{18:0}$	4.7	7.2	3.3
$C_{18:1}$	8.2	10.3	5.7
$C_{18:2}$	3.2	3.1	1.0
$C_{18:3}$	2.3	1.6	1.6
$C_{10:0}$	2.3	1.2	1.6
$C_{20:1}$	1.2	1.0	0.9
$C_{21:0}$	0.9	1.2	0.8
$C_{20:2}$	—	0.9	—
$C_{20:3}$	4.3	1.6	—
$C_{22:0}$	17.8	10.9	9.4
$C_{22:1}$	13.5	14.9	12.5
$C_{23:0}$			
$C_{24:0}$	6.1	6.9	6.6

[1] values obtained in the cerebroside fraction without subfractionation according SMITH and LOWRY [8].
br: branched fatty acids

acid hydrolysis/2 hours in 0.1 N HCl at 80—90°. In the same procedure ceramide-dihexosides were partially hydrolysed to ceramide-monohexosides.

After hydrolysis with HCl-methanol 8:1.6 (v/v) the products were characterized by following techniques. Sphingosine bases were converted to dinitrophenyl derivatives (DNP) and these separated on thin-layers of Al_2O_3 G [7]. Methyl esters of fatty acids were chromatographed by gas chromatography on columns packed with celite impregnated with 20% polyethylene glycol adipate. Paper chromatography in pyridine-n-butanol-water 4:6:3 was used for the identification of sugar components. The total content of hexoses was determined by orcinol method. The infrared spectra of the cerebrosides in KBr pellets are shown in Fig. 1. Nitrogen content was estimated by a modification of NESSLERS method.

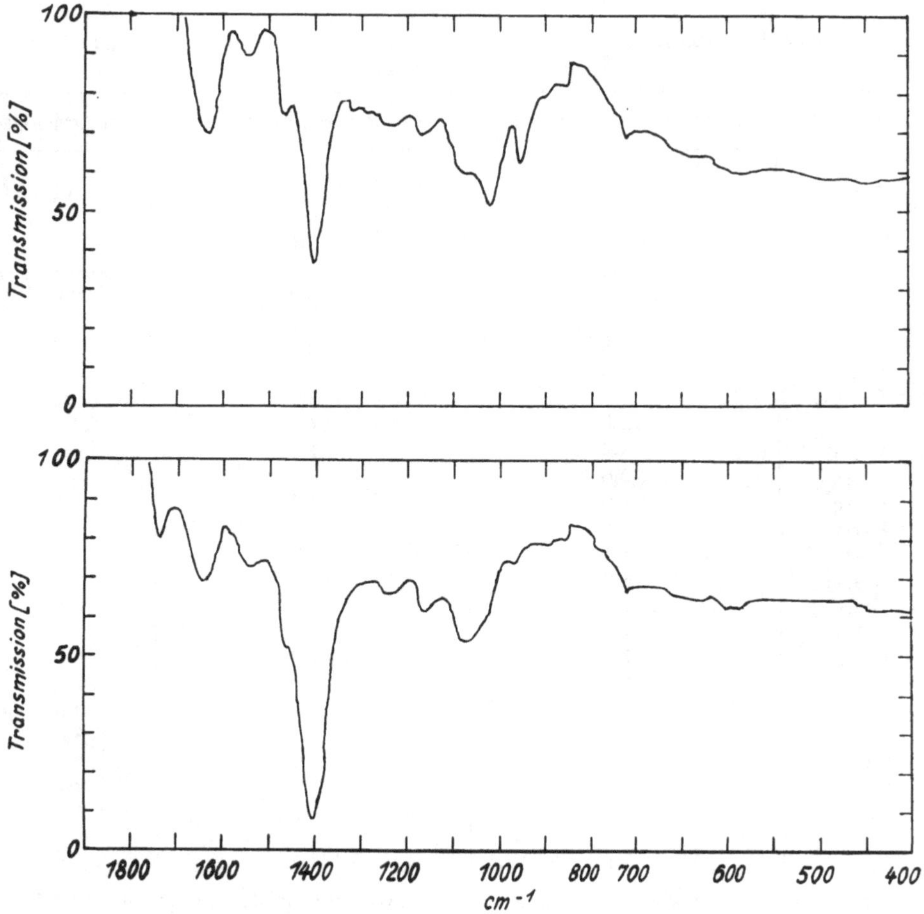

Fig. 1. Infrared spectra of ceramide-monohexosides (upper) and ceramide-dihexosides (lower) from the lipoproteins of membranes of fat globules. The samples were eluted from a silicic acid column and examined as a KBr pellet containing about 0,8% lipid. The spectra were recorded with a Zeiss UR spectrophotometer

The cerebroside profile of the lipoproteins in fat globules of bovine milk was found to be 6.5% of ceramide-monohexosides and 2.5% of ceramide-dihexosides of the total content of phospholipids. In the ceramide-monohexoside fraction the nitrogen-hexose molar ratio was 1.00:0.76 and only glucose could be found after paper chromatography (Fig. 2). On the other hand ceramide-dihexosides have nitrogen-hexose molar ratio of 1.00:1.88 and the sugar components were glucose and galactose. No phosphorus could be detected in both fractions. The spectrum of sphingosine bases showed no differences. The major components are C_{18}-sphingosine and probably C_{16}-sphingosine and C_{16}-dihydrosphingosine. The minor component is C_{18}-dihydrosphingosine (Fig. 3). Also in the fatty acid composition no marked differences were observed. The major fatty acid constituents had a chain length of $C_{22:0}$, $C_{23:0}$ and $C_{16:0}$. Only small amounts of hydroxy acids were present.

Fig. 2. Paper chromatography of ceramide-monohexoside and ceramide-dihexoside fractions on Whatman No. 3 paper impregnated with silica gel and chloroform-methanol-ethanol-water 12:1.6:0.4:0.2 (v/v/v/v) as a mobile phase. Detection: rhodamine B.

CMH: ceramide-monohexosides; upper zone: cerebrosides with unsubstituted fatty acids; lower zone: cerebrosides with hydroxyacids. CDH: ceramide-dihexosides

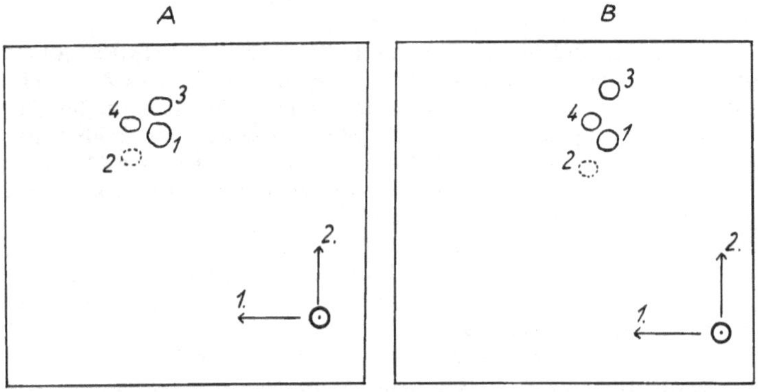

Fig. 3. Two-dimensional thin-layer chromatography of dinitrophenyl derivatives of sphingosine bases (Aluminium oxide G).

1. dimension: chloroform-methanol 100:2 (v/v); 2. dimension: methanol-tetralin-water 90:10:10 (v/v/v) after impregnation of the layer with 5% tetralin.

A: ceramide-monohexosides; B: ceramide-dihexosides.

1. C_{18}-sphingosine; 2. C_{18}-dihydrosphingosine; 3. C_{16}-sphingosine (?); 4. C_{16}-dihydrosphingosine (?)

Literature

[1] Kurtz, F. E. u. G. E. Holm: J. Dairy Sci. **22**, 1011 (1939).
[2] Smith, L. L. u. N. K. Freeman: J. Dairy Sci. **42**, 1450 (1959).
[3] Morrison, W. R. u. L. M. Smith: Biochim. biophysica Acta [Amsterdam] **84**, 759 (1964).
[4] Sasaki, R. u. S. Koyama: XIV. Intern. Milchwirtsch. Kongress 2(1), S. 381, Roma 1956.
[5] Hladík, J.: Dissertation, Prague 1965.
[6] Michalec, Č.: (unpublished results).
[7] Michalec, Č.: Biochim. biophysica Acta [Amsterdam] **106**, 197 (1965).
[8] Smith, L. M. u. R. R. Lowry: J. Dairy Sci. **45**, 581 (1962).

Acta biol. med. german., Band 16, Seite 700—703 (1966)

Aus dem Physiologisch-chemischen Institut der Medizinischen Akademie Magdeburg
(Direktor: Prof. Dr. E. HOFMANN)

Beeinflussung der Phosphofruktokinase aus Aszites-Tumorzellen durch verschiedene Ionen

R. FREYER und E. HOFMANN unter Mitarbeit von K. FRANK

(Eingegangen am 31. 1. 1966)

Über die Wirkung von Ionen und Adeninnukleotiden auf die Aktivität der PFK (EC 2.7.1.11) in verschiedenen Geweben wurde von mehreren Autoren berichtet [3], [8].

Mg^{++}- und NH_4^+-Ionen sind für die Enzymaktivität erforderlich [6]. ATP und Zitrat [2], [7] hemmen das Enzym. Als Deinhibitoren spielen ADP, 5'-AMP, cyclisches 3',5'-AMP [4], [5], FDP und anorganisches Phosphat [10] eine Rolle. Bei der PFK aus Rattenleber wurde gefunden, daß die $(NH_4)_2SO_4$-Konzentration einen Einfluß auf die Enzymaktivität ausübt [9]. Diese Wirkungen der verschiedenen Metabolite wurden vorwiegend bei hemmenden ATP-Konzentrationen untersucht. Es erscheint jedoch zweckmäßig, zwischen ihren Wirkungen auf das Enzym bei hemmenden und nichthemmenden ATP-Konzentrationen zu unterscheiden. Aszites-Tumor-PFK hat ähnliche Eigenschaften wie das Enzym in anderen Geweben, jedoch ist die geringe Empfindlichkeit des Enzyms gegenüber ATP hervorzuheben. Die Hemmung der Enzymaktivität durch ATP kann durch AMP, ADP, 3',5'-AMP, Phosphat und Sulfat aufgehoben werden [1]. Im Unterschied zum Rattenleberenzym [9], bei dem bei höheren $(NH_4)_2SO_4$-Konzentrationen die PFK gegenüber ATP nur wenig empfindlich ist, wird bei der Aszites-PFK die ATP-Hemmung durch hohe $(NH_4)_2SO_4$-Konzentrationen vollständig aufgehoben [1].

In der vorliegenden Arbeit wird der Einfluß von Ionen und Adeninnukleotiden auf das Enzym bei nichthemmenden ATP- und kontrollierten $(NH_4)_2SO_4$-Konzentrationen beschrieben.

Die hier aufgeführten Versuche wurden in Inkubationsansätzen durchgeführt (20 μMol $MgCl_2$; 1,5 μMol ATP; 0,3 bzw. 0,5 μMol F-6-p; 1 mg Serumalbumin; 100 μMol Glyzylglyzin, *p*H 8,0; Endvolumen 1,3 ml). Dadurch war es möglich, bei niedrigen und definierten $(NH_4)_2SO_4$-Konzentrationen zu arbeiten. Das Enzym wurde 5 min bei 25 °C (Homogenat) und 30 °C $(NH_4)_2SO_4$-Fällung) inkubiert. Das gebildete FDP wurde nach Enteiweißen und Neutralisation mit Glyzerin-1-phosphat-Dehydrogenase, Triosephosphat-Isomerase und Aldolase im optischen Test bestimmt. Es wurde mit dem Homogenat oder der 50%igen $(NH_4)_2SO_4$-Fällung gearbeitet [1]. Das entstehende ADP und FDP hatte in den dabei auftretenden Konzentrationen keine stimulierende Wirkung auf die PFK-Aktivität. Auch konnte bei hohen $(NH_4)_2SO_4$-Konzentrationen ($>$18 mM) keine Steigerung des nichtgehemmten Enzyms durch FDP beobachtet werden (Messung des ADP mit Pyruvatkinase und Laktatdehydrogenase im optischen Test).

Die Ergebnisse der Wirkung verschiedener Ionen zeigen, daß weder NH_4^+- noch SO_4^{--}-Ionen allein bei Anwesenheit von Mg^{++}-Ionen eine wirksame Steigerung der PFK-Aktivität im Homogenat bewirken (Tab. 1). Eine maximale Steigerung der Enzymaktivität wird mit $(NH_4)_2SO_4$-Konzentrationen höher als 30 mM erreicht. Wird K_2SO_4 anstelle von $(NH_4)_2SO_4$ verwendet, so wird dieser maximale Wert nicht ganz erreicht. K_2HPO_4 hat jedoch den gleichen stimulierenden Effekt auf die PFK-Aktivität wie $(NH_4)_2SO_4$. Versuche mit NH_4Cl und Na_2SO_4 zeigen, daß bei einer bestimmten, vergleichsweise niedrigen NH_4^+-Konzentration (s. Tab. 1) durch Zusatz von SO_4^{--}-Ionen sich die PFK-Aktivität noch steigern läßt, was mit der Wirkung von Na_2SO_4 auf das durch ATP gehemmte Enzym im Einklang steht [1].

Tabelle 1
Beeinflussung der PFK-Aktivität durch verschiedene Ionen

Zusätze	Konzentrationen [mM]	FDP [μMol · 10^{-2}/Ansatz]	Aktivierung (x-fach)
—	—	1,5	—
$(NH_4)_2SO_4$	11,0	7,7	5,1
$(NH_4)_2SO_4$	18,5	8,7	5,8
$(NH_4)_2SO_4$	36,8	10,0	6,7
NH_4Cl	18,5	1,6	1,1
NH_4Cl	36,8	1,6	1,1
Na_2SO_4	18,5	2,5	1,7
Na_2SO_4	36,8	2,7	1,8
K_2SO_4	18,5	5,8	3,9
KCl	18,5	1,6	1,1
KCl	36,8	1,6	1,1
K_2HPO_4	11,0	6,2	4,1
K_2HPO_4	18,5	8,8	5,9
K_2HPO_4	36,8	10,0	6,7
Na_2HPO_4	18,5	6,2	4,1
Na_2HPO_4	36,8	6,5	4,3
$MgSO_4$[1]	18,5	2,4	1,6
$MgSO_4$[1]	36,0	2,7	1,8
NH_4Cl + Na_2SO_4	18,0 18,0	8,9	5,9
NH_4Cl + Na_2SO_4	17,0 34,5	9,9	6,6
NH_4Cl + K_2HPO_4	18,0 18,0	13,2	8,8
NH_4Cl + K_2HPO_4	17,0 34,5	12,6	8,4
NH_4Cl + K_2SO_4	17,8 17,8	3,9	2,6
NH_4Cl + K_2SO_4	33,0 33,0	6,0	4,0
KCl + K_2HPO_4	17,0 34,5	11,8	7,9

[1] Ansatz ohne $MgCl_2$

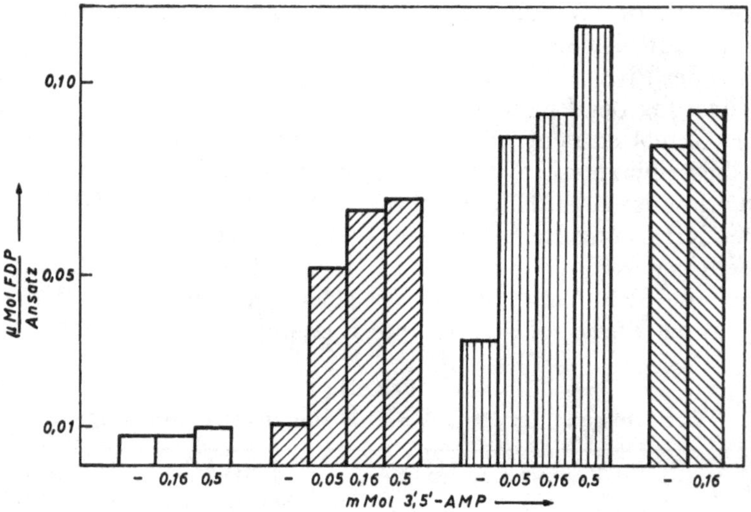

Abb. 1. Steigerung der Enzymaktivität durch zyklisches 3',5'-AMP bei unterschiedlichen $(NH_4)_2SO_4$-Konzentrationen

0 | 2,0 | 9,5 | 37,0

mM $(NH_4)_2SO_4$

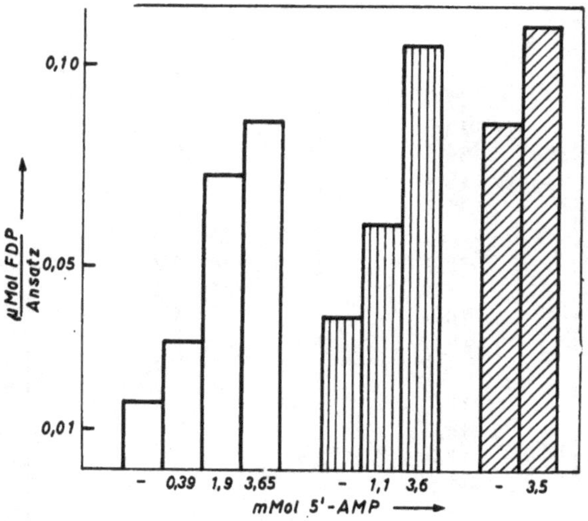

Abb. 2. Steigerung der Enzymaktivität durch 5'-AMP bei unterschiedlichen $(NH_4)_2SO_4$-Konzentrationen

2,0 | 9,5 | 20,0

mM $(NH_4)_2SO_4$

Die Wirkung von 3',5'-AMP, 2'(3')-AMP-Gemisch, 5'-AMP und ADP wurden an einem, teilweise durch $(NH_4)_2SO_4$-Fällung gereinigten Enzym untersucht (Abb. 1 und 2). Das Enzym ist dem 3',5'-AMP gegenüber empfindlicher als gegen 5'-AMP und ADP. Bei einer $(NH_4)_2SO_4$-Konzentration von 2 mM wird eine maximale Aktivität mit 0,5 mM 3',5'-AMP erreicht. Die gleiche Aktivitätserhöhung tritt durch 5'-AMP erst bei einer Konzentration von 3,7 mM auf. Bei unterschiedlichen $(NH_4)_2SO_4$-Konzentrationen ist der Aktivitätszuwachs bei jeweils gleichen 3',5'-AMP bzw. 5'-AMP-Konzentrationen verschieden groß (Abb. 1 und 2). In Homogenatversuchen konnte bei Abwesenheit von $(NH_4)_2SO_4$ keine steigernde Wirkung durch 3',5'-AMP beobachtet werden.

2'(3')-AMP hat bei verschiedenen $(NH_4)_2SO_4$-Konzentrationen nur einen geringen (1,9 mM 2'(3')-AMP bewirkt eine 1,5fache Steigerung bei 9 mM $(NH_4)_2SO_4$) bzw. keinen Effekt. ADP steigert die Enzymaktivität bei Konzentrationen über 0,5 mM (1,5 mM ADP bewirkt eine 8fache Steigerung bei 2 mM $(NH_4)_2SO_4$).

Diese Versuche mit PFK von Aszites-Tumorzellen zeigen, daß a) die NH_4^+-Ionen fast vollständig durch K^+-, nicht aber durch Na^+-Ionen ersetzt werden können; b) für die Steigerung der Enzymaktivität durch diese Kationen zwei- und höherwertige Anionen notwendig sind und c) für die Aktivierung des Enzyms durch 3',5'-AMP und 5'-AMP (neben Mg^{++}) sowohl NH_4^+ als auch mehrwertige Anionen erforderlich sind, ADP hingegen auch ohne Zusatz von $(NH_4)_2SO_4$ eine beträchtliche Aktivitätssteigerung hervorruft.

Literatur

[1] Freyer, R. u. E. Hofmann: Biochem. Z. **343**, 335 (1965).
[2] Garland, P. B., P. I. Randle u. E. A. Newsholme: Nature [London] **200**, 169 (1963).
[3] Lardy, H.: In: The Enzymes, Hrsg.: P. D. Boyer, H. Lardy and K. Myrbäck, New York and London: Academic Press **6**, S. 67, 1962.
[4] Mansour, T. E.: J. biol. Chemistry **238**, 2285 (1963).
[5] Mansour, T. E.: J. biol. Chemistry **240**, 2165 (1965).
[6] Muntz, J. A.: zit. nach H. Lardy s. [3].
[7] Parmeggiani, A. u. R. H. Bowman: Biochem. biophysics Res. Commun. **12**, 268 (1963).
[8] Passonneau, J. V. u. O. H. Lowry: In: Advances in Enzyme Regulation, Hrsg.: Georg Weber, Oxford, Pergamon Press, **2**, S. 265, 1964.
[9] Underwood, A. H. u. E. A. Newsholme: Biochem. J. **95**, 868 (1965).
[10] Wu, R.: Biochem. biophysics Res. Commun. **18**, 402 (1965).

CONTENTS

СОДЕРЖАНИЕ

INHALT

Herausgeber und verantwortlich für den Inhalt: R. Baumann, H. Dutz, A. Graffi, H. Gummel, F. Jung, L.-H. Kettler, S. M. Rapoport. Schriftleitung: Prof. Dr. Werner Scheler und Dr. habil. Heinz Bielka, 1115 Berlin-Buch, Lindenberger Weg 70. Fernruf: 56 98 51. App. 222. Verlag: Akademie-Verlag GmbH, 108 Berlin, Leipziger Straße 3–4 (Fernruf: 220441) Telex-Nr. 01173, Postscheckkonto Berlin 35021. Bestellnummer dieses Heftes 1053/XVI/6. Die Zeitschrift erscheint monatlich. Bezugspreis: Einzelheft MDN 14,—, Doppelheft MDN 28,—. Veröffentlicht unter der Lizenznummer 1318 des Presseamtes beim Vorsitzenden des Ministerrates der Deutschen Demokratischen Republik. Gesamtherstellung: VEB Druckerei „Thomas Müntzer", 582 Bad Langensalza.

Kolibri 360 GmbH
Ferdinand-Jühlke-Straße 7
99095 Erfurt, Deutschland
produktsicherheit@kolibri360.de